《民族自治州风采·红河哈尼族彝族自治州卷》

编委会

主　　编：李克山

编　　委：李朝春　龙　海　周　宏　杨惋琳　杨丹华

图片供稿：邱迎辉　黄绍文　伊天钰　朱文珍　方　萍

民族自治州风采

红河哈尼族彝族自治州卷

MINZUZIZHIZHOUFENGCAI
HONGHEHANIZUYIZUZIZHIZHOUJUAN

李克山　主编

辽宁民族出版社

图书在版编目（CIP）数据

民族自治州风采．红河哈尼族彝族自治州卷 / 李克山主编．— 沈阳：辽宁民族出版社，2023.1
ISBN 978-7-5497-2799-5

Ⅰ．①民… Ⅱ．①李… Ⅲ．①红河哈尼族彝族自治州—概况 Ⅳ．① K92

中国国家版本馆 CIP 数据核字（2023）第 014173 号

民族自治州风采．红河哈尼族彝族自治州卷
MINZU ZIZHIZHOU FENGCAI. HONGHE HANIZU-YIZU ZIZHIZHOU JUAN

出版发行者：辽宁民族出版社
地　　址：沈阳市和平区十一纬路 25 号　邮编：110003
印 刷 者：辽宁新华印务有限公司
幅面尺寸：185mm × 260mm
印　　张：13.5
字　　数：200 千字
出版时间：2023 年 1 月第 1 版
印刷时间：2023 年 1 月第 1 次印刷
责任编辑：李凤山　金顺玉　金诗雯
封面设计：杜　江
责任校对：刘　泉

标准书号：ISBN 978-7-5497-2799-5
定　　价：150.00 元

网　　址：www.lnmzcbs.com　　邮购热线：024-23284335
淘宝网店：http:// lnmz2013.taobao.com
如有印装质量问题，请与出版社联系调换　　联系电话：024-23284340

序言

习近平总书记指出，坚持和完善民族区域自治制度，关键在于做到统一和自治相结合、民族因素和区域因素相结合；坚持促进各民族交往交流交融，不断铸牢中华民族共同体意识；坚持加快少数民族和民族地区发展，不断满足各族群众对美好生活的向往；坚持文化认同是最深层的认同，构筑中华民族共有的精神家园；坚持各民族在法律面前一律平等，用法律保障民族团结；坚持在继承中发展、在发展中创新，使党的民族政策既一脉相承又与时俱进；坚持加强党对民族工作的领导，不断健全推动民族团结进步事业发展的体制机制。

民族自治州是我国民族区域自治制度的重要形式，是贯彻落实党和国家民族政策的重要实践。实践证明，长期以来自治州组织策划多种形式的宣传推广活动，取得了良好的政治、经济、社会效益。“民族自治州风采”是一套专门介绍民族自治州基本情况的系列丛书。党的十九大以来，我国30个民族自治州在习近平新时代中国特色社会主义思想指引下，深入贯彻创新、协调、绿色、开放、共享的新发展理念，全面落实经济建设、政治建设、文化建设、社会建设、生态文明建设五位一体总体布局，各项事业都发生了翻天覆地的变化。此套丛书将对自治州的新发展、新变化做全景展示。

序言

丛书紧扣时代主题，唱响时代主旋律，集思想性、可读性于一体。全书以 30 个民族自治州的不同发展历程为视角，体现出民族自治州的群众对伟大祖国、中华民族、中华文化、中国共产党、中国特色社会主义的认同；让读者切实体会到我国少数民族和民族团结进步事业 70 年来取得的辉煌成就。这既是中华民族形象塑造的应然之义，又是习近平新时代中国特色社会主义思想发展的必然指向，只有不断用“五个认同”巩固生命线、强基固本，才能铸牢中华民族共同体意识、书写民族团结的时代新华章！

编 者

2020 年 5 月

前言

红河哈尼族彝族自治州历史悠久、民族多样。早在3万—5万年前，红河沿岸就有了人类的活动。汉朝在红河地区设牂牁郡、益州郡。唐南诏属通海都督和拓东节度。元置临安路、广西路、和泥路。明清为临安府、广西府（清改广西直隶州），西南部属元江府（清改元江直隶州），东南部属开化府。1913年置临开广道，1914年改蒙自道。1929年各县直隶云南省府。1942年置云南省第三行政督察区。1950年置蒙自专区。1954年置红河哈尼族自治区。1957年蒙自专区和红河哈尼族自治区合并成立红河哈尼族彝族自治州。红河哈尼族彝族自治州有汉族、哈尼族、彝族、苗族、傣族、壮族、瑶族、回族、布依族、布朗族、拉祜族11个世居民族，少数民族人口占总人口的61.5%。

红河是多种文化、多个民族相互融合的典范，红河哈尼族彝族自治州立体的地理、气候、生态和民族分布特征，形成了立体的社会发展阶段和多元的边地文化特色。从历史上看，北方游牧民族和南方稻作民族相互融合，外来文化和本土文化相互融合，中原汉族文化和西南少数民族文化相互融合，东方文化和西方文化相互融合，少数民族和少数民族文化相互融合，形成了多元一体的立体文化结构。

早在唐宋时期，红河就开始了来自氐羌西北游牧民族与来自东南沿

红河第一弯

海百越民族农耕文化的高度融合，创造了举世闻名的红河哈尼梯田；明清时期，大量的中原汉族、西北回族、北方蒙古族以军屯、民垦的形式入驻红河哈尼族彝族自治州境内，共同开发了祖国的西南边陲，形成了汉族文化与少数民族文化相互融合的边地文化；一百多年前，随着滇越铁路的全线贯通，红河哈尼族彝族自治州境内出现了中西方文化相互交融、相互碰撞的独特文化现象，产生了代表中原文明的建水古城，代表现代西方文明的个旧锡都，代表殖民文化的蒙自海关、洋行、酒店，以及代表本土民族文化精神的“个碧石”铁路等；到了21世纪的今天，工业文明和农业文明、繁华都市与生态山区并存，可以说红河哈尼族彝族自治州是人类历史发展进程的现实标本，浓缩了人类历史发展各个时期、各种社会形态的历史发展进程，是一部人类历史发展活的“教科书”。

红河哈尼族彝族自治州山川秀丽、物华天宝。北回归线穿境而过，立体气候特征明显，是云南“中华生物谷”重要基地和“滇南生物基因库”，是国家高原特色现代农业示范区和云南粮经作物的主要产区。拥有世界上最大的锡生产加工基地，有色金属采、选、冶等工艺技术处于世界领先地位，是云南重要的工业和能源基地。红河生态环境良好，有屏边大围山、绿春黄连山、金平分水岭3个国家级自然保护区，有石屏异龙湖、红河哈尼梯田、蒙自长桥海、泸西黄草洲等4个国家级湿地公园，每个县城规划区范围内都建成了1个森林公园或湿地公园。红河拥有众多旖旎多姿的湖光山色，有云南九大高原湖泊之一的异龙湖，亚洲最壮观、最大溶洞群之一的建水燕子洞，散落各地、采山之灵、得水之名的众多温泉。一直以来，红河哈尼族彝族自治州各族人民认为人与自然“同生共祖”，这种朴素的价值观至今仍闪耀着智慧的光芒。

党的十八大以来，中共红河哈尼族彝族自治州委、自治州人民政府始终坚持以习近平新时代中国特色社会主义思想为指导，深入学习贯彻习近平总书记系列重要讲话特别是考察云南重要讲话精神，围绕党中央、国务院以及省委、省政府深化改革、沿边开放、生态治理等重大决策部署，坚定新目标新方向，落实新理念、新战略，凝聚新作为、新担当，加快推动“新型工业强州”“乡村振兴富州”“绿色生态靓州”“沿边开放活州”建设，全力开展“全国民族团结进步示范州”创建，坚定不移推动红河高质量跨越式发展，奋力谱写出了新时代团结进步美丽红河建设的新篇章！

民族大团结

目录

第一章　古老神奇的红河

第二章　奋发图强的红河

第三章　绚丽多彩的红河

第四章　欣欣向荣的红河

第五章　潜力无限的红河

第六章　面向未来的红河

第一章

古老神奇的红河

红河哈尼族彝族自治州基本情况

早在旧石器时代，红河沿岸已经有了人类活动。西汉时期，红河大地纳入中央行政管理版图。东汉之前，这里开始了锡、银、铅矿开采，并以产锡著称。中华人民共和国成立后，1949 年 12 月，滇南人民行政公署在建水县成立。1950 年 2 月，改称蒙自区行政督察专员公署；同年 3 月，专员公署驻地由建水迁往蒙自；同年 12 月，蒙自区行政督察专员公署改称云南省人民政府蒙自区专员公署。1953 年 5 月 1 日，红河哈尼族自治区在元阳新街成立。1957 年 11 月 18 日，蒙自专区和红河哈尼族自治区合并建立红河哈尼族彝族自治州。1958 年省辖的个旧市划归自治州领导，州府由蒙自迁至个旧。2003 年 1 月 29 日，国务院批复州政府驻地由个旧回迁蒙自；同年 11 月 18 日，红河哈尼族彝族自治州举行了迁移庆典大会，标志着蒙自正式成为红河哈尼族彝族自治州的新州府。

红河哈尼族彝族自治州地处东经 101° 47′~104° 16′、北纬 22° 26′~24° 45′，位于云南省东南部，北连昆明、曲靖，东接文山，西邻玉溪、普洱，南与越南社会主义共和国接壤，北回归线横贯东西。州府蒙自市距离省会昆明 243 千米。红河哈尼族彝族自治州背靠滇中城市经济圈，是国家西部大开发与“一带一路”、昆河经济走廊、泛亚铁路东线的重要部位和关键环节，现有国家级蒙自经济技术开发区、红河综合保税区，正在筹建的中国河口—越南老街跨境经济合作区、云南自贸试验区红河片区，是“一带一路”云南省面向东盟开放的前沿门户。

红河哈尼族彝族自治州面积 3.29 万平方千米，边境线长 848 千米，下辖九县四市。2020 年年末，红河哈尼族彝族自治州常住人口 447.84 万人，常住人口城镇化率 47.9%，户籍人口为 465.78 万人，户籍人口城镇化率 33.7%，有 10 个世居少数民族，少数民族人口占总人口 61.5%，是全国唯一以哈尼族、彝族为主体民族的自治州。

由于历史和自然条件以及民族风俗习惯等多方面的原因，各民族居住地域有很大差异。汉族、回族多居城镇、平坝，壮族、傣族、布依族多居河谷，哈尼族、彝族多居半山，苗族、瑶族、拉祜族和布朗族则居高山密林，汉族、回族居红河北岸，彝族、壮族两岸均住，其他民族多居红河南岸。基本上各个民族都聚集而居，但又互相交融，形成大杂居、小聚居的分布格局，各族人民在漫长的历史发展进程中，披荆斩棘，坚苦卓绝，创造了举世震惊的哀牢梯田，发明了科学完整的十月太阳历法，开发了祖国的西南边陲，为中华文明做出了自己应有的贡献。

经济总量上，红河哈尼族彝族自治州主要经济指标在全省 16 个州市中名列第三位，财政收入指标在全国 30 个少数民族自治州中居前列。2014 年，经国务院批准设立红河综合保税区，成为云南省的物流中心；河口口岸是云南省最大的陆路口岸，在中国陆路口岸贸易量排名前四位，2019 年，河口口岸出入境人员突破 600 万人次。全自治州外贸进出口总额 36.4 亿美元，边民互市交易额 12.3 亿美元，跨境人民币结算达 194.2 亿元，全年引进省外到位资金 960.7 亿元，实际利用外资 2315.3 万美元。

红河属低纬高原亚热带季风气候，气候宜人，红河哈尼族彝族自治州生态环境优越，有屏边大围山、绿春黄连山、金平分水岭 3 个国家级自然保护区，有异龙湖、哈尼梯田、长桥海、黄草洲等 4 个国家级湿地公园，红河（元江）、南盘江（珠江）穿州而过，河流湖泊众多，水资源丰富。

红河哈尼族彝族自治州以红河为界，形成了两个不同的经济发展区域。红河北岸受中原汉文化的影响，社会经济发展比较快，城镇化、工业化程度高，加之坝区城镇全部在滇越铁路、个碧石铁路沿线，交通方便，资源开发早，商贸繁荣，是云南省现代工业文明的重要起源地；红河南岸，山高谷深，山林密布，“一山分四季，十里不同天”，立体的地理、立体的气候，形成立体的民族分布和多元的民族文化特征。

走进红河，就走进歌的海洋、舞的世界、天然的氧吧、民俗的博物馆。哈尼族“十月年”“矻扎扎节”、彝族“火把节”“祭火”、苗族“花山节”、瑶族“盘王节”等民族节庆活动丰富多彩。勤劳智慧的各族人民创造了哈尼族长街宴、哈尼族四季生产调、彝族海菜腔、阿细跳月、乐作舞、烟盒舞等绚丽灿烂的民间文化。《哈尼古歌》《诺玛阿美》等文艺作品向世人展示了浓郁而独特的文化内涵。红河是一片文化沃土，民族文化、儒家文化、近代工商文化、农业文化在这里交相辉映。有世界文化遗产哈尼梯田、国家历史文化名城建水、滇越铁路。千年紫陶、百年云锡、红河卷烟等驰名中外。孕育了清末云南唯一的经济特科状元袁嘉谷、世界著名大数学家熊庆来、清末巨商王炽、民国时期治理新疆16年的杨增新、抗日名将张冲等杰出人物。国立西南联合大学文学院和法商学院曾经在此驻足。这里留下了云南的多个“第一”——第一条铁路（滇越铁路）、第一个邮政局（电报局）、第一个海关、第一家外国银行。中共云南省第一次代表大会也在这里召开。

文明之光——照亮远古的红河大地

红河哈尼族彝族自治州地势西北高、东南低，境内山峦纵横、河谷深切，全州最高点金平西隆山海拔3071米，最低点南溪河口海拔76.4米。错综复杂的地形、丰饶的物产和交织的河流水系，使这片土地成为早期人类繁衍与迁徙的理想之地。1956年，在开远发现的距今1500万年的古猿化石，使红河哈尼族彝族自治州成为世界瞩目的探索生命演化和人类起源的重要地区；而河口孤山洞遗址、个旧阿邦遗址、蒙自马鹿洞遗址等的发现，充分说明至少在距今5万年前，人类的祖先就已在红河这片土地上繁衍生息。

蒙自马鹿洞古文化遗址

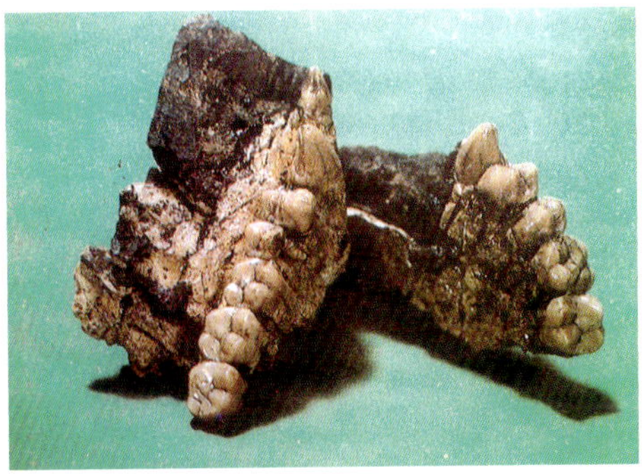

开远出土的腊玛古猿牙齿化石

远古时代的红河气候温和，自然条件复杂，众多高山、江河和山间小盆地相间排列，地形极其复杂。远在 1.8 亿年前，这里就已形成适宜于古生物进化的陆地，成为康滇古陆的一部分。这里气候温和，资源丰富，植被茂密，为四棱象、嵌齿象、河狸、小河猪、河马等物种的生存、繁衍、演化创造了理想栖居之地。

从旧石器时代开始，红河先民已生息于红河大地上，并创造了丰富的文化。20 世纪 70 年代以来，河口孤山洞遗址、蒙自马鹿洞遗址、个旧阿邦遗址、个旧倘甸标杆坡遗址和建水燕子洞新石器时代遗址的发现，为我们探索红河源远流长的民族历史文化以及红河与中原文明之间的关系提供了重要的依据。

旧石器时代遗址

1982 年，在河口县桥头孤山洞发现的文化遗址，时代为旧石器时代晚期（晚更新世），距今 3.5 万年，是我州境内首次发现的旧石器时代遗址，对于研究红河远古人类及其文明进程提供了重要的实物资料。

河口孤山洞旧石器时代遗址

阿邦文化遗址位于红河北岸第四台地的个旧市贾沙乡阿邦村。1985 年，省州市联合考古队进行调查，共发掘古墓葬 3 座，均为竖穴土坑直肢墓葬。属晚更新世旧石器时代遗址，距今 3 万—5 万年。阿邦遗址的发现，说明红河流域一带很早就有人类生息、繁衍，其社会经济文化已发展到较高水平。

河口孤山洞旧石器时代遗址出土的石器

个旧阿邦墓地遗址

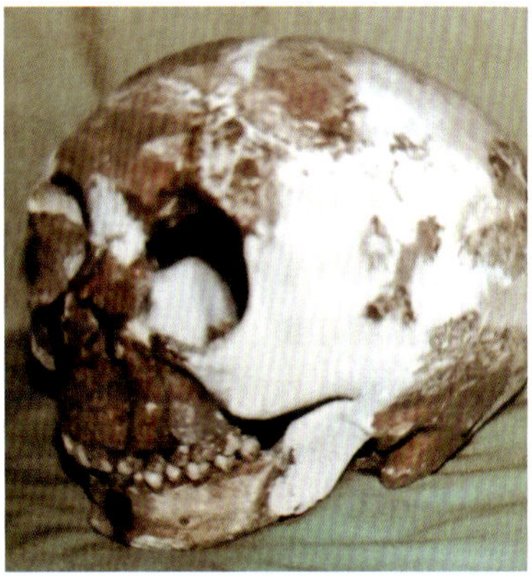

个旧阿邦墓地出土人头骨

个旧阿邦村遗址出土文物

马鹿洞遗址位于蒙自县城西南 7 千米的红寨镇黄家山山腰，属三叠纪石灰岩洞穴遗址。1989 年、2008 年两次进行发掘，出土人类头骨化石、石器、角器及动物化石。时代为旧石器时代晚期，距今 1 万年。

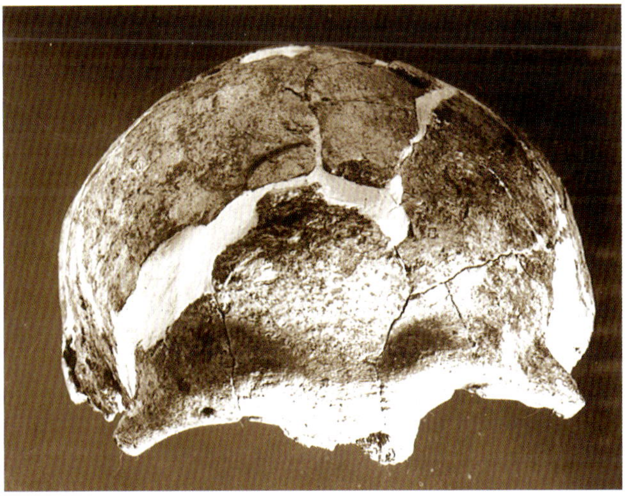

蒙自马鹿洞遗址出土的头盖骨

蒙自马鹿洞遗址出土的鹿角化石

新石器时代遗址

经过漫长的进化，在距今五六千年，红河大地进入了新石器时代。沿红河流域分布的个旧倘甸标杆坡遗址、河口坝洒遗址，沿南盘江流域分布的建水燕子洞遗址、泸西歹鲁遗址等新石器时代文化遗址的发现，说明红河新石器时代文化遗址更加丰富，文化特征更加明显。

建水燕子洞遗址位于建水县城东 30 千米的燕子洞风景区，1989 年开发第三景区时，在八哥洞和水洞口发现磨制石器、动物骨骼化石和炭屑。之后，对两个点进行抢救性发掘，出土石器、陶器以及动物化石。时代为新石器时代晚期，距今 3500 多年。

建水燕子洞遗址

建水燕子洞遗址出土的砺石

建水燕子洞遗址出土的陶坠

个旧倘甸标杆坡遗址位于个旧市城区北 20 千米倘甸乡倘甸村南 1.5 千米的标杆坡上，1993 年 3 月出土磨制梯形石斧、弧肩石斧、长条形石斧、石刀、穿孔石器、钻孔石璧、刮削器、砺石、石球和石刻人像等文物，属新石器时代中晚期，距今 5000 年左右。个旧倘甸标杆坡遗址是红河哈尼族彝族自治州境内发现的保存最完整、内涵最丰富的新石器时代遗址，对于红河流域新石器时代文化的研究具有重要意义。

个旧倘甸标杆坡新石器时代遗址

个旧倘甸标杆坡遗址出土的石环半成品

个旧倘甸标杆坡遗址出土的陶模

黑马井汉墓群在个旧市城区南 40 余千米卡房镇黑马井村西一平缓的山坡上，面积近万平方米。1989—1995 年间，曾先后 3 次进行抢救性发掘，发掘面积 1500 平方米，清理古墓 15 座。

黑马井汉墓群出土了青铜器、玉石器、漆器、铁器和陶器（原始釉陶罐）、五铢钱等 300 多件器物。有一颗刻有“董辅国”字样的方形铜质

个旧黑马井墓葬清理中

印章，另有1件“铜胡人俑灯”被定为“国宝”级珍贵文物，时代为东汉。

黑马井汉墓群是东汉时期历史文化的重要遗存，直接证明了西汉末东汉初，云南大部分地方包括滇东南一带，不仅在政治上被纳入中央政权，而且在文化上和经济上已经逐渐与中原融为一体了。这对于云南边疆的历史文化发展、有色金属的开发与利用具有重要的历史价值和研究价值。

个旧黑马井汉墓出土的铜罐

滇越铁路——红河工业文明和对外开放的开端

红河哈尼族彝族自治州是云南经济社会和人文自然的缩影，是云南近代工业的发祥地，也是中国走向东盟的陆路通道和桥头堡。

滇越铁路是 1898 年中国清朝政府同意法国修筑属越南至云南的铁路。1901 年开工修建，1910 年竣工通车，滇越米轨铁路滇段是云南历史上的第一条铁路，也是我国第一条通向国外的铁路，是我国西南最重要

滇越铁路腊哈地车站

的交通运输和出海通道，它连接着多种民族和多元文化，在跨国界的经济文化活动中有着极其重要的作用。铁路由越南海防港至云南省会昆明，全长 854 千米，轨距为 1 米，也称“米轨铁路”。20 世纪 50 年代，中国境内云南段改称昆河铁路（昆明—河口）。

19 世纪末 20 世纪初，法国通过《中法越南边界通商章程》《中法续议商务专条》、中法《滇越铁路章程》等条约，取得了滇越铁路修筑权。从 1901 年到 1910 年，修筑了北起昆明，途经宜良、巡检司、小龙潭、开远、碧色寨、芷村，南到河口，经越南河内，止于海防，全长

个碧铁路通车纪念

854 千米（其中，越南境内老街至海防全长 389 千米，中国境内段简称滇段，昆明至河口全长 465 千米）的滇越铁路。滇段于 1903 年 10 月开工，1910 年 4 月 1 日全线通车运营；1940 年由于抗日战争的原因停运；1943 年 8 月，中国收回路权自行管理；1957 年，中国云南段改名为昆河铁路，但大家习惯称之为“滇越铁路”。滇越铁路滇段三分之二的线路在红河境内，加上后来民族资本修建的中国唯一的民营铁路个碧石铁路，这条铁路连接了红河最主要的工业城市和经济命脉。个碧石铁路全部为寸轨铁路，由个旧绅商等开办个碧石铁路公司投资建设。铁路从个旧经碧色寨到石屏，全长 177 千米。个碧临屏铁路（又称“个碧石铁路”）1915 年 5 月开工建设，历经 21 年修筑完工。为满足日益扩大的对个旧锡矿出口的需求，20 世纪初，李广翰等上书云南都督蔡锷，要求修建个碧石铁路。1913 年，由滇蜀铁路公司与个旧股东组织官商合办个碧铁路公司。1915 年，个碧石铁路动工，法国人尼复礼士任总工程师，此后，由萨福均、李国均、吴荣清先后担任总工程师。个碧段于 1921 年最早通车，鸡临段于 1928 年通车，临屏段 1936 年通车后即全线开通。个碧石铁路是中国第一处商民自办、自主筹资、自主修筑、自主经营的铁路。

滇越铁路因红河屏边段“人字桥”的独特设计而持续引起世人的关注。“人字桥”是由法国工程师鲍尔·波丁设计，于 1907 年 3 月 10 日动

个碧石铁路总经理陈鹤亭家族的陈氏宗祠

滇越铁路蒙自碧色寨站

火车正在通过“人字桥”

个碧石铁路公司

工，1908年12月6日竣工，历时1年零7个月。1998年被列为云南省重点文物保护单位。它位于屏边县北部湾塘乡倮姑与波渡箐站之间（即和平乡瓦乍村委会五家寨西侧），桥坐东向西，为桁肋式铰拱钢架桥，全用钢板、槽、角钢、铆钉连接而成，共由2万余组构件和铆钉铆制而成，而桥梁构件最大的不超过140千克。桥长64米、宽4.2米、高96米。“人字桥”上承网格式桁梁与人字形拱架组合一体，其建筑庄严肃穆，气势磅礴，仿佛一个顶天立地的巨人，展开双臂，推开双岭，叉开双腿，飞跨于两山绝壁之上，是世界铁路桥梁史上的杰作之一。

1910年，滇越铁路的开通，使红河从封闭落后的内陆地区变成西南地区面向东南亚、南亚和太平洋的重要通道和出海口，成为云南最早开放的内陆前沿，并由此拉开现代工业文明的序幕，揭开了云南对外开放、中外交流的篇章。

1. 滇越铁路是我国西南最便捷的出海口，改变了云南交通格局。

2. 滇越铁路打通了近现代国际贸易大通道。

3. 滇越铁路传播了民主革命进步的思想。

4. 滇越铁路支援了中国人民的抗日战争、世界反法西斯战争和抗美援越战争的胜利。

5. 滇越铁路是20世纪初科技含量最高的铁路之一。

6. 滇越铁路是世界建筑史上的奇迹。

7. 滇越铁路创造了世界铁路史上的许多经典范例。

8. 滇越铁路是人类智慧结晶的再现。

9. 滇越铁路是人类血汗的结晶。

一百年以后，泛亚铁路的开通和客运高速的运行，红河哈尼族彝族自治州又迎来了一次新的历史发展机遇。百年一个轮回，高铁时代，铁路不仅改变了我们的生活，同时也在塑造我们新的灵魂。这一次新的历史发展机遇，我们对公路、铁路、机场等交通基础设施建设，有了一种全新而深刻的理解，对人类文明有了更加深刻的体验，对自己的民族文化有了更加深入的思考，对人类文明的交流互鉴，有了一种更加宽容的

岁月的足迹

蛮耗渡口

屏边白寨大桥

鸡街站

碧色寨站

大度。

铁路，这个百年前红河大地上的“怪物”，不仅仅是现代工业文明的开路先锋，同时也是文化交流与社会进步的桥梁和纽带。滇越铁路从大海到高原，凝聚着无数人的汗水和生命；从山村到城市，承载着无数人的梦想和希望；从近代到现代，改变了无数人的生活轨迹与人生命运；从封闭到开放，开启了红河大地茫茫岁月的光辉灿烂和无与伦比的星辰大海。它永远是红河人民永恒的梦想与追求、真正的诗和远方。

民族区域自治——民族工作的生命线

1950 年红河全境解放，使红河各族人民获得了政治上的完全平等，翻身做了国家的主人，为民族团结、边疆稳定、经济发展、社会进步提供了基本的社会条件，部分地区从原始社会末期，一步跨入社会主义建设的大门。

1957 年，红河哈尼族彝族自治州成立

红河哈尼族彝族自治州第一次党代会

红河哈尼族彝族自治州第一次人民代表大会

坚定不移地落实民族区域自治政策，大力培养和任用少数民族干部，是红河建州 60 多年发展民族地区各项事业最基本的一条工作经验。

1957 年，红河哈尼族彝族自治州的成立，标志着红河地区完成了社会主义改造，各族人民当家做了主人。

早在中华人民共和国成立初期，红河各民族就共同制定了《团结爱国公约》。

《团结爱国公约》

（一）

不分民族
不分上寨下寨
大家团结成一家
人人听毛主席的话
跟共产党走

（二）

不记仇
不报复
不扯皮

民族工作队

不闹

不打架

（三）

有事大家干

有福大家享

团结友爱

互助合作

增加生产

人人有衣穿

有饭吃

（四）

不勾匪

不通匪

严格站岗放哨

清查路条

不让土匪特务

　走进一步

发展医疗卫生

欢迎解放军

粮食丰收

1953 年 12 月，红河哈尼族彝族自治州政府号召各族人民在中国共产党的领导下，维护民族团结，维护边疆稳定，共同保卫和建设祖国。

进入新时代，红河哈尼族彝族自治州继续坚持各民族共同团结奋斗、共同繁荣发展，2020 年全自治州各族人民共同制定了《新时代红河哈尼族彝族自治州民族团结公约》，在铸牢中华民族共同体意识上走在前、做示范，成为民族团结进步示范区。

制度是保证民族团结和边疆稳定的根本，干部是建设社会主义事业不断发展的关键，红河多元文明融合的特征和多种社会形态的并存，注定了红河哈尼族彝族自治州在建设社会主义的伟大历史进程中，不能照搬照抄其他地方的经验，必须制定符合红河实际的特殊政策，实行民族区域自治，采取分步走战略，对不同地区、不同民族，派出长期的民族工作队，进行帮扶和民族政策教育工作，这不但考验基层干部的耐心，也考验决策者的智慧。历届州委、州政府的领导，始终以民族团结为中

苦聪人（拉祜族）的新生活

邮政畅通

心，大力培养少数民族干部，全面发展少数民族地区的经济、文化、医疗卫生等各项事业，始终坚持民族平等，充分尊重各个少数民族的意愿和要求，不断完善民族区域自治政策，创造性地把党的民族政策落实到红河这片古老而神奇的土地上，开创了建设社会主义事业的新局面。

各族人民多元一体，相互依存的立体性地理空间分布，以及不同地区、不同民族在生产生活的条件、交通运输和社会分工的角色分配方面的差异，形成了一个红河各族人民你中有我、我中有你、谁也离不开谁的命运共同体，反映了红河民族文化多元一体、平等团结、共同繁荣和发展的和谐关系。

绿春县三猛乡有块大田，像一块巨大的翡翠铺展在天地间，一眼望不到边，它位于全球重要农业文化遗产腊姑片区核心地带，四季耕耘，一年可产 1.5 吨谷子。更令人惊奇的是，这块田由哈尼族、彝族两个民族 13 户农民共同耕种，且耕种的种子品种还不一定相同。

苦聪人（拉祜族）参观大赛

冬田

唱《栽秧山歌》

哈尼族传统民居——元阳县箐口村

中华人民共和国成立以后，党和政府派出大批的民族工作队，开展民族团结教育、发展生产，改善各族人民生活的伟大事业，派出大量的教师、医生和农业技术专业骨干队伍，不断消除各民族事实上的不平等，巩固了民族之间的团结合作，建立了各民族之间团结互助、取长补短、共同发展的新型民族关系，走出了“山坝结合”的扶贫开发之路，完善了团结进步、繁荣发展的新思路。

改革开放——红河崛起的号角和根本路径

改革开放以后，全国发生了翻天覆地的伟大变化，但是由于受“对越自卫反击战”的影响，红河哈尼族彝族自治州依然以军事斗争和边境安危为主要中心工作任务，社会经济发展长期停滞不前，远远跟不上全国改革开放的新步伐。

个旧金湖

幸福的日子

赶集路上

赶集

路边集市

20 世纪 80 年代初至 90 年代初，红河哈尼族彝族自治州的社会经济发展连续十年在全省排名中下滑，从全省第二名一直下滑到全省第八名；90 年代末，随着中越关系的改善和改革开放的不断深入，红河地区才逐步跟上了改革开放的社会历史进程。进入新世纪以后，历届自治州委、自治州政府奋发图强、励精图治，提出“因地制宜、实事求是、分类指导、梯度发展”的战略方针，北部地区以自治州府回迁蒙自为支点，提出了建设“个开蒙”（个旧、开远、蒙自）滇南中心城市的战略构想，开启了红河哈尼族彝族自治州工业化、城镇化的社会历史进程，改变了红河哈尼族彝族自治州社会经济发展停滞不前的被动局面。2004 年州府回迁蒙自。从那时起，红河各族人民团结一致，弯道超车，迅速赶上了全国工业化、城市化、现代化的历史浪潮，短短 10 年的时间，红河哈尼族彝族自治州综合经济实力上升到全省第三名，城镇化率从 10 年前的 30%

弥勒湖泉

热区开发

边境重镇——河口

上升到 45% 左右，创造了红河改革开放的历史奇迹，初步完成了滇南中心城市的建设构架，实现了北部主要城市一体化的历史进程。

2015 年，习近平总书记在考察云南时强调指出：“云南经济要发展，优势在区位、出路在开放。”拥有 848 千米边境线的红河，历来是云南对外开放的前沿，云南第一个海关、第一个邮政局、第一个外资银行、

第一条国际铁路等先后在红河诞生。近年来，红河哈尼族彝族自治州坚定不移融入和服务国家“一带一路”等重大发展构想，按照“全面开放，三区联动，市区融合，重点突破”的开放发展思路，以数字化建设为引擎，全面提升开放发展水平，增强“三区”管理及服务能力，加快建立自贸区、红河综保区、蒙自经开区“三区”联动机制，以开放带开发，以开发促开放，加快形成了以自贸区为引领，综保区、经开区为依托，昆河经济走廊为纽带，“三区”与市县融合发展的开放新格局，中国云南自贸试验区红河片区获批设立，国家级蒙自经济技术开发区成长为长江经济带国家级转型升级示范开发区。作为云南首个综合保税区，红河综合保税区不断加快发展，获批昆明电子银行结算中心红河分中心，外贸进出口总值持续快速增长；全州开放发展迎来新机，正加速成为云南对外开放新高地。

第二章 奋发图强的红河

自治州政府回迁蒙自——推动红河发展的新动力

思路决定出路，格局影响未来。

红河哈尼族彝族自治州行政中心航拍图

蒙自南湖公园

2003 年，自治州政府回迁蒙自，是红河改革开放进程中最具有战略眼光和超前意识的科学决策，也是红河哈尼族彝族自治州北部地区城市化和工业化的奠基礼。

红河哈尼族彝族自治州博物馆

红河哈尼族彝族自治州政府行政中心——红河会堂

蒙自新区的开发和建设，解了个旧老矿区发展空间不足的困境，帮了蒙自新开区发展动力不够的忙，连了开远、建水、弥勒、河口等几个主要城市的线，一招妙棋活了北部城市群的全面发展。

红河广场一景

传统与现代的融合

红河是近代云南工业文明的发祥地之一，拥有良好的资源禀赋和工业发展基础。“十三五”期间，红河哈尼族彝族自治州坚定不移贯彻落实习近平新时代中国特色社会主义经济思想，紧紧围绕省委、省政府关于构建“5+8”产业体系和打好绿色能源牌等重大决策部署，坚持立足红河发展实际，强力实施“新型工业强州”发展战略，全力以赴“大抓工业”，优化工业产业布局，改造提升传统产业，培育壮大新兴产业，做优做强特色产业，加快推进“两化”融合，全自治州工业产业发展呈现出深层次结构性变化，形成了以烟草、有色、化工、电力等传统行业为支柱，电子信息、食品加工、新材料等行业为新增长点的产业发展体系，全自治州工业经济综合竞争力进一步增强，规模以上工业增加值始终保持两位数以上增长，为高质量跨越式发展、建设新时代团结进步美丽红河提供了有力支撑。

观展

个元公路 个旧隧道——连接南北的大通道

一条红河似天险，阻隔千年在两边。

红河大道

个旧是世界闻名的“锡都”，云南工业文明的发源地，云南锡矿的贮藏主要集中在红河哈尼族彝族自治州个旧市及周边地带，云南的锡产量占全国锡产量的90%以上。作为近代工业的重要原料，云锡曾是法国等列强垂涎的云南物产，以缪云台为代表的第一代云南工业革命的先驱，秉承着实业救国、矿业兴滇的理念，让优质的云锡成为近代中国出口的大宗商品和云南对外贸易的支柱。抗战时期，更是云南作为大后方支持全国抗战的经济命脉。由此应运而生的锡工艺品制作技艺也迅速崛起，丰富了红河冶金文化的内涵。

跨越红河谷，是红河南部地区人民世世代代的梦想和希望，州委、州政府顺应民心，把个元公路（个旧—元阳）个旧隧道列入重点工程项目，反映了边疆地区人民渴望走出大山、走向世界的愿望和要求，个元

红河航运

个旧全景老照片

个旧新城

公路通车以后，边疆人民形象地把个元公路比喻为希望之路、幸福之门，称赞个元公路的开通是边疆人民的第二次解放。

巍巍的哀牢山，奔腾的红河水，养育了一代又一代勤劳智慧的各族人民。大锡奔流的火光，梯田连天的神奇，跨越天险的通道，多姿多彩

的风情，色彩斑斓的服饰，粗犷豪放的歌舞，演绎着这块土地深厚的文化底蕴，喻示着红河民族文化的生机与活力。一山分四季，十里不同天，一个民族一座山峰，11 个民族 11 种语言，立体的气候和立体的民族分布特征，形成红河各民族文化相互交融的边地文化特色，每一个民族的

每一个支系，都有着不同的文化魅力。

交通是制约南部山区发展的瓶颈，个元公路个旧隧道的打通，大大缩短了边疆与内地的时空距离，彻底改变了南部山区长期封闭落后的交通面貌，为全州连接南北、沟通城乡，打开了脱困的山门，开启了致富的篇章，加快了南部山区综合开发的历史进程。

天险变坦途

绿春县新县城

蒙新高速公路（蒙自市—河口县新街镇）

南部山区综合开发——和谐发展的时代音符

“山坝结合”是南部山区综合开发最成功的历史经验，也是脱贫攻坚和乡村振兴最现实的必然选择。

山路弯弯

茶叶

稻谷

稻鸭鱼生态循环

哈尼蘑菇房

在北部推进城市化、工业化和现代化的过程中，州委、州政府适时推出南部山区综合开发的战略部署，通过“山坝结合”的模式，实现了100万山区贫困人口摆脱贫困，转移山区贫困人口30多万人，开发热区荒山土地10多万亩，完成了南部山区综合开发的历史性跨越。

在漫长的历史发展进程中，红河各族人民根据不同的地理和气候，形成了立体的民族空间分布：傣族是最早开发红河边地的原住民，一般都分布在土地资源好的河谷，汉族在交通要道，彝族在半山腰，哈尼族和瑶族在山头。迤萨镇是红河哈尼族彝族自治州红河县政府所在地，是彝族仆拉人的居住地。“迤萨”是当地彝语，意为“干旱缺水的地方”。明清以后，这里成为马帮的码头和物资集散地，成为民族融合的典范。梯田是哈尼族祖先赖以生存的物质基础，现在已经成为各民族团结合作、共同进步的家园。

红河哈尼族彝族自治州是南北两极分化严重、北部多平坝地区，交通比较方便，物产也比较丰富，社会发育程度高，经济发展条件好，而南部多为贫困山区和少数民族地区，经济发展相对落后。2020 年，北部七县市地区生产总值占全州经济总量的 80.7%，南部六县仅占全州经济总量的 19.3%（财政自给率平均达 7.7%），GDP 最低的绿春县仅为最高

舞蹈《踩云彩》

弥勒市的 11.9%；城镇居民可支配收入最高的蒙自市 39780 元，比最低的元阳县 34217 元高 5563 元；农村居民可支配收入最高的个旧市 18382 元，比最低的元阳县 10251 元高 8131 元；北部七县市高中阶段毛入学率 93.07%，比南部六县的 84.99% 高 8.08 个百分点，且南部六县目前仍无一所一级高中。根据红河南北发展不平衡的实际，历届党委、政府制定了

插秧

石屏异龙湖风景区

金平县新县城

分类指导的政策措施，北部以州府回迁蒙自为契机，大力推进“个开蒙”城市一体化的进程，实现了城市化日新月异、工业化加快发展、现代化同步提升的历史性跨越，成为全国30个民族自治州的先进典范。而南部山区按照“山坝结合”的思路，通过异地搬迁，把山区的贫困农民转移到热区河谷，进行县域整体综合开发，实现了山头退耕还林、山腰兴建水库和电站、山脚开发热区的三大目标。

“十三五”期间，红河哈尼族彝族自治州地区生产总值突破2000亿元大关，年均增长8.9%；全州人均生产总值达5.4万元，年均分别增长7.6%、7.9%；全州经济总量稳居全省第三，在全国30个少数民族自治州中从第二位跃居第一位。

昆河经济带建设——红河经济腾飞的翅膀

蒙自经济技术开发区和河口边境跨境自贸区的建立，为红河经济的发展插上了腾飞的翅膀。

2016 年，连接西南地区与东南亚、南亚的滇越大通道（泛亚铁路东线）昆河铁路（中国昆明—越南河口）和昆河公路全面贯通，为云南省

鸡街高速立交桥

“一带一路”和昆河经济带的建设发展，开辟了走向世界的新通道，红河真正成为连接东南亚、南亚和太平洋地区的交通枢纽以及对外开放的桥头堡。历史已经证明，什么时候红河地区对外开放搞得好，什么时候红河经济就会发展，文化就会繁荣。红河文明既是对外开放的结晶，又是对外开放的重要组成部分，相辅相成，缺一不可，红河特殊的地理和历史环境，决定了红河文化对外开放的历史必然性。

红河发源于云南大理巍山龙虎山，全长约 1280 千米，在云南省境内 695 千米，纵贯西南，是云南省五大水系之一，也是我国通往越南的

历史的站台

旧站台

牛车

村庄一景

最大河流。红河航运历史悠久，从秦汉时期到民国初年，红河航运屡屡呈现出繁荣景象。1907 年，河口出入船只一度达到 18431 艘，盛极一时，当时个旧的大锡就是从个旧运到蔓耗通过这条航运到河口、越南，最后到达香港然后出口。20 世纪 30 年代后，由于当地战事不断，山林被砍伐、水土流失严重，航道条件日益恶化，再加上滇越铁路的修通，红河基本断航。

红河经济的发展和文化的繁荣，离不开与东南亚各国的相互交流。昆河经济带建设，使红河散落的珍珠串联成了高贵的项链，根据《红河哈尼族彝族自治州国民经济和社会发展第十三个五年规划纲要》制定的发展目标，红河哈尼族彝族自治州致力于成为全省经济跨越式发展的战略支撑，努力把滇南中心城市建成“国家门户”，把红河哈尼族彝族自治州建成云南省高原特色现代农业示范、产业转型升级示范、文化旅游融合发展示范、沿边开放开发示范和民族团结进步示范。

“十三五”以来，红河哈尼族彝族自治州各族人民坚决贯彻落实党中央决策部署和省委、省政府工作要求，紧盯目标真抓实干，不断夯实发展基础、增强发展后劲，把重大项目作为推动经济社会发展的重要引擎，全力推动产业培育和项目建设。

凤凰花开

油菜花

红河哈尼族彝族自治州紧紧围绕打造一流“三张牌”，加快现代产业体系建设，全力推动高原特色现代农业高质量发展，开远花卉、蒙自石榴、泸西蔬菜 3 个特色农产品优势区成为第二批“云南省特色农产品优势区”。新材料、电子信息等新兴产业持续发展壮大，2020 年电子信息制造业预计实现产值 260 亿元，比上年增长 13.6%。文化旅游业加快发展，弥勒市、建水县分别成功创建为全国、省级全域旅游示范区。

建水紫砂陶

路边集市

有机茶叶

石屏县异龙湖风光

2020年，全自治州绿色产业发展取得显著成效，工业优势地位不断巩固，全自治州工业发展取得显著成效。红河卷烟厂易地技改项目基本建成，涌顺铝业15万吨中高端铝合金、云锡锡冶炼异地搬迁等项目竣工投产，全省首台国产化计算机在红河哈尼族彝族自治州成功下线。

2020年，红河哈尼族彝族自治州共推进6次重点项目集中开工，总投资达1717亿元，全年完成固定资产投资2248.41亿元，全年新增规上

高原特色农业——小米辣椒

小池塘

工业增加值达 510 亿元，比上年增长 5% 以上，发展势头强劲。

为推动全自治州电商产业快速发展，红河哈尼族彝族自治州出台了实施金融支持电商系列政策，全自治州 1900 多家电商市场主体 2020 年交易额达 150 亿元以上，比上年增长 50% 以上，全自治州电商产业快速发展。

综合交通实现历史性突破，高速公路跨过红河南岸，新增通车里程 505 千米，达 1045 千米，处于全省第三位；高速铁路实现“零”的突破，红河蒙自机场获批复开工建设，“县县通高速、南北通航空、州府通高

泸西—石林高速公路

红河大道

红河机场模型

铁”梦想渐行渐近。

沿边开放活力涌动，自贸试验区红河片区获批建设，以自贸试验区红河片区为引领、红河综合保税区和蒙自经济技术开发区为重点、昆河经济带为纽带的开放发展格局基本形成。2020 年全州实现外贸进出口总额 58.7 亿美元。

“绿水青山就是金山银山”，良好的生态环境，是各族人民赖以生存和发展的基础，“共抓大保护，不搞大开发”已经成为红河绿色发展的共识，全自治州累计完成植树造林 20.318 万公顷，建成 15 个城市森林（湿地）公园，森林覆盖率从 2015 年的 47.27% 增加到 2020 年的 57.32%。元阳哈尼梯田遗产区创建为全国“绿水青山就是金山银山”实践创新基地，13 个县市全部创建为“天然氧吧”，红河哈尼族彝族自治州成为全国第二个“天然氧吧城市”。

天然氧吧

凭借着深厚的文化底蕴、丰富的旅游资源、众多的养生元素、良好的生态绿化、得天独厚的气候条件和生态环境，扮亮文化旅游的名片，围绕“绿色能源”“绿色食品”“健康生活目的地”的“三张牌”，森林康养和森林旅游产业蓬勃发展。

2020 年，红河哈尼族彝族自治州接待国内外游客 4234.8 万人次，实现旅游业总收入 465.69 亿元，较 2015 年分别增长 63.66% 和 129.6%。护好山、管好气、治好水，在山清水秀的绿色家园中等来远方游客、干出致富产业、换来“金山银山”，这是红河哈尼族彝族自治州守护好秀美山川、加强生态文明建设、不忘绿色发展的重要承诺。

哈尼小镇

目前，红河哈尼族彝族自治州建有国家和省级自然保护区、森林公园、湿地公园、风景名胜区等自然保护区 36 处。“十三五”期间，红河哈尼族彝族自治州森林覆盖率由 2015 年的 47% 上升到 2020 年的 57.22%，人均森林面积是全国平均水平的近 3 倍。

清水流百芳

“一带一路”——走向世界的新起点

从高原到大海，永远是中国梦的红河路，从这里出发，红河将走向新的历史征程。

红河机场和南部元河高等级公路的开工建设，标志着红河“一带一路”通江达海，全方位、高层次的对外开放和立体交通建设有了新的进展，为红河北部城市融入滇中、走向一体化，开拓了无限的发展

面向南亚、东南亚的国际大通道

新河公路躲雨河大桥

空间；同时为南部山区脱贫攻坚、精准施策，打开了东进西出的大门。

历史启迪未来，凡事皆为序章。一百多年前，红河因锡而闻名世界，滇越铁路的开通运营，红河从世界的末端变成开放的前沿，搭上了工业革命的末班车。一百年以后，红河站在新的历史起点上，紧紧抓住国家实施“一带一路”的发展计划，主动谋篇布局，面向东南亚、南亚，顺利完成泛亚铁路东线段建设和滇越大通道昆河高等级公路通车，加快了昆河经济带和滇南中心城市建设的步伐，成为国家面向东南亚、南亚建设“一带一路”国际大通道的桥头堡。红河哈尼族彝族自治州作

屏边白寨大桥

通往幸福的路

金平县全貌

金平民族歌舞

为滇南门户，中国最早的滇越铁路在这里开通，云南第一个海关、第一个电报局、第一个邮政局、第一家外资银行都在这里诞生；红河哈尼族彝族自治州位于“两廊一圈”规划和“一带一路”中重要经济带上，坐拥3个国家级一类口岸，其发展的优势在区位，发展的出路在开放。

沿边开放、自由贸易、跨境电商、共享经济……这些关键词早已成为红河哈尼族彝族自治州依托区位优势、政策福利、先试先行对外发展的“试金石”。

如今，红河哈尼族彝族自治州开放的步伐越迈越大，在红河综保区的引领下，在蒙自经济开发区的支撑下，在河口跨合区的前沿作用下，随着中国（云南）自由贸易试验区红河片区的成功入驻，红河哈尼族彝族自治州正逐步成为“沿边”“跨境”全面发展的新高地。

丰收鼓舞

“十三五”时期，自贸试验区红河片区获批建设，147 项试点任务已完成 96 项，推进 51 项，形成 14 个创新案例。其中，4 个案例已在全省复制推广，5 个创新案例上报商务部在全国复制推广；国家级蒙自经济技术开发区规上工业总产值从 2015 年的 257 亿元增加到 2020 年的 590 亿元；红河综合保税区规上工业总产值从 2015 年的 20 亿元增加到 2020 年的 182 亿元。以自贸试验区红河片区为引领、红河综保区和蒙自经开区为重点、昆河经济发展带为纽带的开放发展格局基本形成。2020 年全自治州实现外贸进出口总额 58.7 亿美元，是 2015 年 12.8 亿美元的 4.6 倍，居全省第二位。

工业遗产——开远发电厂

五年来的不断求索，一系列深层次、根本性的变革正改变着红河哈

彝族火把节

尼族彝族自治州社会经济发展的面貌。“十四五”时期，红河哈尼族彝族自治州将高标准建设自贸试验区红河片区深入开展差异化探索，全面落实改革试点任务，加快加工及贸易、大健康服务、跨境旅游和跨境电商物流“四大重点产业”发展。深化对外经贸合作，促进与南亚、东南亚国家产业链、供应链、价值链深度融合，进一步完善口岸基础设施和服务功能，建设一批口岸综合体，高质量办好中越边交会，促进边民互市贸易转型升级，努力把红河哈尼族彝族自治州建设成为沿边开放的新高地。

梯田申遗——文化创新的序幕，民族历史的转折

通过申遗，千年梯田揭开神秘的面纱，以波澜壮阔的磅礴气势和千变万化的梯田云海惊艳世界，改变了世人对红河哈尼梯田文化的认识。从此，哈尼梯田作为世界农耕文明的典范，登上世界文明交流互鉴的历史大舞台。

元阳新县城

梯田景色

5G 网络工程

红河哈尼梯田是以哈尼族为代表的当地世居民族共同开垦的农耕文明奇观，有1300多年的开垦历史，主要分布在红河、元阳、绿春、金平县，总面积达6.67余万公顷。哈尼梯田是世界农耕文明的典范，它探索了一条在不破坏生态和环境的情况下，充分利用自然资源发展农业生产，森林、村寨、梯田、河流为一体，与人类和谐共生的生存智慧系统。

红河南岸的哀牢山，山高谷深，沟壑纵横，水系发达，气候与植被呈垂直立体分布，呈现“一山分四季，十里不同天”的气候环境。

哈尼祖先依托哀牢山“山有多高、水有多高”的特殊地理气候特征，把终年不断的山泉溪流通过水渠引入梯田，创造性地将河谷平原地区的农业耕种技术移植到烟雾缭绕的高山之顶，形成了波澜壮阔、气势磅礴的哈尼梯田文化景观，探索出森林、村寨、梯田、水系“四素同构”，人与自然高度和谐的农业生态系统。

“梯田挂在山坡上，庄稼长在云海里”，哈尼梯田在垂直2000多米的

红河梯田

梯田美景（一）

空间上，森林、村寨、梯田、河流，从上到下，依次分布。山顶分布着广袤的原始森林，村寨位于半山向阳的宽阔地带，下方为层层叠叠，最高达3000多级的梯田。溪水源于山顶森林，通过沟渠先流进村寨，然后灌溉梯田，最后汇入山谷中的江河，再蒸发成水蒸气凝聚为雨水降落到森林，循环往复，生生不息。

1300多年前，哈尼先民从遥远的青藏高原一路南迁，最终在红河南岸茫茫的哀牢山深处定居下来，把平原、坝区的稻作文明移植到高山上，完成了从游牧民族到农耕民族的大转型，梯田农耕是哈尼族世世代代劳动和智慧的创造物，它凝结着哈尼族数千年的文明，沉淀着丰厚广博的文化，维系着复杂多样的现实生活，它是哈尼族文化精神的象征，历史创造的奇迹，哈尼族的政治制度、经济活动、文化形态，

梯田美景（二）

都围绕着梯田这个巨大的物质实体而展开，无论是物质生产或是精神世界，都与梯田农耕密切相关，每个村寨和它所拥有的梯田、森林都能提供一个相对完整的生存空间，并以贯穿森林、村寨、梯田的水系为脉络，形成一个具有完整生态链的系统。这一系统在千余年间被复制塑造到哈尼族各村落，在哀牢山深处，各地都有相似的风景，却又蕴藏着不同的韵味。

森林

茂密的原始森林养育了山寨的蘑菇房，清澈的山泉水解决了村寨人畜饮水和梯田灌溉。哀牢山海拔 2000 米以上的山区绝大部分被森林覆

古树茶

盖，生长着亚热带常绿阔叶林，有桤木（水冬瓜树）等20多个传统树种，林间有石松、毛蕨菜、野生菌、鸟类、昆虫等多种野生草本植物和野生动物。

哈尼族将山林分为水源林、寨神林、用材林、薪炭林等，每类林地都有其独特的功能，以保证森林植被能够休养生息、自然恢复，人们从森林中获取薪柴、猎取动物、采集食材，同时也通过各种仪式禁忌、乡规民约保护森林。哈尼族认为森林里栖息着众多人格化的山神，而寨神林则是众神栖息大森林的缩影。这种尊崇自然的观念，有效地保护了哀牢山区的生物多样性，维持了一个良好的生态群落，实现了人与自然和谐共生。

寨神林

村寨

哈尼族的村寨大部分都建在半山腰，上方是茂密的森林，下方是波光粼粼的梯田，其间有溪水潺潺流过。白云悠悠，绿树掩映。当人口增加到一定程度，就会分出新村寨，所以哈尼族寨子

元阳县箐口村哈尼族出门礼

一般都不太大，50 户到上百户的居多。

哈尼族传统民居为蘑菇房，依山而建，错落有致，层次分明。村寨上方是“昂玛”寨神和土地保护神“咪松”的居所，同水井神、磨秋场神、火神、寨门神等共同组成了护佑村寨的神灵体系，守护人畜安康、庄稼丰收。村民们每年在一定的时间对各神灵进行祭祀，以示感恩。

梯田

开垦梯田，首先要伐林开荒，用刀耕火种的方式种植旱地作物，将“生地”逐渐演变为“熟地”。其次要开成台地，使其更加稳固。最后要开沟引水，逐步修筑成梯田。梯田种植实行精耕细作，有一套精密复杂、

红河哈尼稻作梯田

科学合理的耕作技术。梯田除了种植水稻外，还在田埂上种植黄豆、绿豆等，在田里养鱼、养鸭，保证人们日常食物所需。

水系

哈尼梯田的灌溉属于自流灌溉系统，自然河流、溪流和人工沟渠构成哈尼梯田的灌溉系统。在元阳哈尼梯田遗产区就有 4653 条主干沟渠。每个村寨都顺应自然地形地势修建沟渠，将森林中流淌出来的溪水引入沟渠中，沟渠经过村寨将牲畜粪便等肥料冲进梯田，经梯田作物吸收和

山间泉水

沉淀后，再向下汇入江河。

哈尼磨秋

在长期的生产生活过程中，哈尼族人民形成了人与自然和谐共生的生存智慧理念，称自己是自然之子，信奉树是水的命根，水是田的命根，田是人的命根。他们深知是自然给予了他们一切，因此他们格外地敬畏自然、尊崇自然，以自然万物为神明，通过祭山神、祭水神、祭石神、祭田神、祭树神等

秧田

各种形式来祭祀自然、对话自然、感恩自然，以全民信仰的方式，节制人类无限地向大自然索取，巧妙地处理好森林资源、水资源、土地资源和人之间的平衡关系，实现人与环境永续发展，达到“天人合一”的境界。

2007 年，红河哈尼梯田被国家林业局命名为“国家湿地公园”。

2010 年，红河哈尼梯田被农业部列入第一批“中国重要农业文化遗产”。

2010 年，联合国粮农组织（FAO）将红河“哈尼稻作梯田系统”列

稻谷成熟

入“全球重要农业文化遗产”。

2013 年 6 月 22 日，在柬埔寨金边召开的第三十七届世界遗产大会上，联合国教科文组织将红河哈尼梯田文化景观成功列入世界遗产名录，成为中国第一个以民族名称命名、以农耕文明为主题的活态世界遗产。

云南红河哈尼稻作梯田系统是目前我国获得“全球重要农业文化遗产”（简称 GIAHS）和列入世界遗产名录的“双料王牌”世界级文化遗产。

红河哈尼稻作梯田

脱贫攻坚
——圆梦千年

一步跨千年，梦想变成现实。

红河哈尼族彝族自治州是全省脱贫攻坚的主战场之一，全自治州有 7 个贫困县（其中 4 个深度贫困县）、798 个贫困村、21.03 万户

快乐童年

91.08 万名贫困人口，贫困人口数占全省 12.07%。自全面打响精准脱贫攻坚战以来，红河哈尼族彝族自治州坚持以习近平新时代中国特色社会主义思想为指导，以习近平总书记关于扶贫工作的重要论述为根本遵循，深入学习贯彻习近平总书记考察云南重要讲话精神，全面贯彻落实党中央和省委、省政府脱贫攻坚各项决策部署，把脱贫攻坚作为首要政治任务、头等大事和第一民生工程，全州工作聚焦脱贫攻坚、重点聚焦深度贫困地区、目标聚焦“两不愁三保障”、方法聚焦“户户清”，全员动员、迎难而上、决战决胜，奋力夺取脱贫攻坚战全面

春山看望

胜利，红河千百年来的绝对贫困问题已得到历史性解决。现行标准下 91.08 万名农村贫困人口全部脱贫，贫困发生率从 2015 年年底的 16.22% 到全面清零；7 个贫困县全部脱贫摘帽，798 个贫困村全部脱贫出列；拉祜族、布朗族两个“直过民族”和人口较少民族实现整族脱贫。区域性整体贫困得到全面解决，脱贫攻坚全面胜利。

“两不愁三保障”全面实现，红河各族群众的小康生活愿景即将变为美好现实。一是稳定增收有来源。全自治州着力打造北部国家级百万亩现代农业示范区、南部山区综合开发区、红河谷经济开发开放带“三个

稻田养鱼——农民增收的新路径

板块”，聚焦水果、蔬菜、花卉、梯田红米、规模养殖、中药材“六大产业”，建成万亩以上规模产业带25个，千亩以上集中连片基地67个。培育1942个新型经营主体，覆盖带动贫困群众19.7万户86.3万人，实现产业扶贫和新型经营主体对贫困户全覆盖。转移就业建档立卡贫困劳动力35.66万人，就业率达68.18%，实现每个有劳动力的贫困家庭至少1人稳岗就业。11504名建档立卡人口当上了生态护林员，3.21万名贫困群众通过公益性岗位安置实现稳定增收。全州农村常住居民人均可支配收

背山人

大手牵小手——脱贫攻坚一个民族都不能少

新农村全面实现“两不愁三保障”

入由2015年年底的8599元增加到2019年年底的12570元，实现年均增长10.9%。二是安全住房全覆盖。全自治州投入农村危房改造资金29.06亿元，累计实施14.86万户农村危房改造，实现农村危房全面清零，圆了农村群众的安居梦。投入43.78亿元，建设377个易地扶贫集中安置点，17153户75806名贫困人口挪穷窝，过上了安居乐业的新生活。三是义务教育有保障。全自治州从严从实开展控辍保学专项行动，决不让任何一个学生因贫失学辍学。累计发放资助资金54.27亿元，实现贫困

新农村新时代

乡村电商产品

梯田鸭

学生资助全覆盖。全自治州 13 个县市全部通过国家义务教育均衡发展评估认定。四是看病不用愁。贫困人口 100% 参加城乡居民基本医疗保险和大病保险，全州 1145 个建制村卫生室全部达标，乡镇卫生院、县级公立医院均达到脱贫成果巩固要求，贫困群众“看得起病、看得上病、看得好病”的服务能力显著提升。五是用上放心水。全州累计投资 9.36 亿元，建成农村集中供水工程 6878 件、分散供水工程 4.68 万件，农村集中供水率 95.97%，农村自来水普及率 95.09%，农村群众全部用上了干净卫生的饮用水。

贫困地区面貌发生巨变，为建设新时代团结进步美丽红河注入强大动力。全自治州不仅有效地解决了贫困群众“两不愁三保障”突出问题，还彻底解决了贫困地区群众出行难、用电难、通信难等“老大难”问题。建设 5 条南部高速公路 440 千米，结束了南部贫困县没有高速公路的历

农产品交易

史。实施新建改造农村公路1.05万千米，农村公路安防工程0.98万千米，实现村村通硬化路，打通了贫困地区通往小康的“致富路”。实现所有村通4G网络、通宽带网络，贫困地区面貌的改善，为建设新时代团结进步美丽红河注入了强大动力。2018年，元阳哈尼梯田遗产区被命名为全国第二批“绿水青山就是金山银山”实践创新基地。

养化塘

2019年，红河哈尼族彝族自治州成功创建为全国民族团结进步示范州，自贸试验区红河片区获批并启动建设，蒙自经开区成为云南省首批“省级新型工业化产业示范基地”，屏边县获得“国家生态文明建设示范县”和“全国民族团结进步模范集体”称号。全州实现地区生产总值2211.99亿元，同比增长8.5%，提前一年实现“十三五”规划目标。

第二章

绚丽多彩的红河

团结和睦的兄弟姐妹

哈尼族

哈尼族是一个古老民族，民族语言属汉藏语系藏缅语族彝语支，主要分布于中国云南元江和澜沧江之间，聚居于红河哈尼族彝族自治州、玉溪市、普洱市、西双版纳傣族自治州等地。红河哈尼族彝族自治州内的哈尼族主要居住在红河南岸的红河、元阳、绿春、金平 4 个县，其他各县市有零星分布，总数 89.39 万人，占全州总人口的 19.11%（2019 年户籍人口统计数据）。

哈尼族狂欢节仰阿纳

哈尼族传统的民族盛装

哈尼族的“姑娘节”

红河哈尼稻作梯田

开秧门

在历史发展过程中，哈尼族内部形成了若干繁杂的支系，其自称和他称就有哈尼、爱尼、雅尼、豪尼、阿卡等30多种，仅红河哈尼族彝族自治州境内就有哈尼、糯比、糯美、腊米、豪尼、白宏、阿松、格和、阿邬、奕车、期弟、哈欧、果作、碧约、西摩洛、卡多等16种。

哈尼族在大山深处开垦梯田、兴修水利，创造了人类农耕文明的杰作：世界文化遗产红河哈尼梯田，学习、创造并发展了农耕、水利、建筑技术，以及纺织、靛染等传统手工业。

哈尼族搭建和居住的传统民居，因其顶部有四坡草顶，状如蘑菇，被称作“蘑菇房”。哈尼族居住在向阳的山腰，依傍山势建立村寨，其中

哈尼族蘑菇房

的蘑菇房由土基墙、竹木架和茅草顶构成，共两层加一层阁楼，具有良好的蓄热功能，冬暖夏凉。

哈尼族是一个以开垦梯田山地闻名的农耕民族，独特的生存环境形成了绚丽多彩的服饰文化。哈尼族服饰均以蓝黑色为底色，但因地区和支系不同又有着明显的差异，由于审美装饰用意不同，服饰的款式色彩也不一样。男子服饰朴素大方，款式大体一致；女子服饰多样复杂、千姿百态、色彩斑斓，最具特色。

哈尼族叶车女子服饰

彝族

彝族，分布在滇、川、黔、桂四省（区）的高原与沿海丘陵之间，主要聚集在楚雄、红河、凉山、毕节、六盘水和安顺等地。彝族是红河哈尼族彝族自治州的主体民族之一，聚居于红河北岸和南盘江流域，分布遍及全自治州 13 个县市，总人口 116.4 万人，占全州总人口的 24.88%（2019 年户籍人口统计数据）。

中国原生态民歌的开路先锋，彝族歌手——李怀秀

彝族是一个历史悠久的民族，支系繁多，居住分散，社会经济发展不平衡。居住在红河哈尼族彝族自

彝族乐作

治州境内的彝族自称有“尼苏颇”“濮拉颇”“阿细颇”“阿哲颇”“撒尼颇”“阿务颇”“诺苏颇”等，他称有“黑彝”“白彝”“花腰”“三道红”等。

土掌房为彝族的传统民居，距今已有500多年的历史。后期彝汉混居，融合了部分汉族民居的特点，逐步形成具有鲜明地方特色的民居建筑。土掌房以石为墙基，墙体以泥土为料，多为平房，部分为二层或三层，冬暖夏凉，防火性能好，非常实用。远远看去，层层叠落，相互连通，甚是壮观。

彝族土掌房

花腰彝族姑娘在刺绣

红河彝族服饰在质地、款式、纹样等方面形成了明显的地域特征。男子服饰多为立领对襟长衣、短衣，配宽裆长裤。女子服饰以长衫外套坎肩、系围裙、穿长裤为主，常用刺绣、拼接、滚边和镶嵌等技艺进行装饰，色彩艳丽，对比强烈；头饰琳琅满目，尤喜以银泡、绒线做花为饰；图案以自然纹为多，几何纹次之。

苗族

苗族主要聚居于华南地区。红河哈尼族彝族自治州是云南省苗族的主要聚居地区之一，居住在屏边、金平、河口、红河、元阳、蒙自、开远、泸西、弥勒等县市，人口 36.14 万人，占全州总人口的 7.73%（2019 年户籍人口统计数据）。

红河哈尼族彝族自治州的苗族自称有“蒙”“蒙豆”“蒙细”等，他称有“花苗”“白苗”“青苗”“汉苗”“黑苗”等。

竹筒传情

跳芦笙舞

红河哈尼族彝族自治州的苗族大多是明清时期从湖南、贵州迁徙而来的，主要从事农耕和饲养牲畜，主要节日是花山节。在漫长的历史发展进程中，勇敢和智慧的苗族人民用自己勤劳的双手，创造出奇异灿烂的民族文化。苗族妇女擅长纺织、挑花刺绣、蜡染，工艺精湛，富有特色。

骑磨秋

苗族花山节爬花杆

苗族服饰是苗族传统文化中最具光彩的部分之一，以繁复的制作工艺、绚丽的配色技巧和深沉的文化内涵而著称。从形式上看，苗族服饰分为盛装和便装，另外还有年龄和地区差别。男子服饰较为单纯，鲜少装饰；女子服饰花团锦簇、流光溢彩，图案大多取材于日常生活中的各种物象，有表意和识别族类、支系及语言的重要作用，显示出鲜明的民族艺术特色。款式主要包括几何花衣披肩飘带式、几何花衣披肩褶裙式和几何花衣披肩白裙式等。红河苗族服饰的挑花、刺绣、织锦、蜡染等工艺久负盛名，异彩纷呈，美不胜收。

苗族花山节的采花山

瑶族

瑶族是中国华南地区分布最广的少数民族，主要分布在广西、湖南、广东、云南、贵州和江西六省（区）。红河哈尼族彝族自治州是云南省瑶族的聚居地区之一，主要居住在金平、河口，屏边、元阳、绿春、红河等县也有少量分布，人口 10.14 万人，占全自治州总人口的 2.17%（2019 年户籍人口统计数据）。

瑶族历史悠久，源远流长，支系众多。红河哈尼族彝族自治州内的瑶族自称“勉”“棉”“门”。他称有很多，有“蓝靛瑶”“红头瑶”“平顶瑶”“白裤瑶”“白线瑶”“沙瑶”“黑瑶”等。

瑶族多从事农业生产，善于渔猎。擅长用竹、木制作生产生活工具。自种棉花和蓝靛，自纺、自织、自染服饰。

瑶族最重要的节日是盘王节，受道教文化影响，红河哈尼族彝族自

穿着瑶族服饰的孩子们

瑶族舞蹈《纺》

治州的瑶族依然保留“度戒”等成人仪式。“度戒”是瑶族主要的宗教礼俗之一。每个男子在10—26岁间，都要举行一次度戒仪式。瑶族认为男孩儿通过度戒，才能成年，才能得到宗教的保护，才能讨贤妻、立家业，荣华富贵、受到社会的尊重。反之就会受到社会的歧视，甚至连对象也难找到。瑶族的民间乐器主要有铜镲、铜锣、铜铃、木鼓。舞蹈有“动鼓舞”“铜铃舞”等，这些舞蹈都是由男子表演，称为“跳神舞”，妇女不参加。

瑶族在风俗习惯方面一直保持本民族传统特点，尤其在男女衣着上更为明显，因支系、生活环境、审美情趣等不同，服饰也存在较大差异。

瑶族成人礼度戒

男子服饰样式简单，以靛青为基本色调，头缠青色头巾，穿无领对襟长袖衣，下着宽大长裤。瑶族妇女善于刺绣、挑花和蜡染，在服饰的衣襟、袖口、裤脚镶边处都绣有精美的图案花纹，饰以典雅的银饰、鲜艳的布条、绒线料珠红璎珞。女子头饰也颇具有特色，有的戴竹箭，有的竖顶板，有的戴尖帽，有的戴竹壳，造型奇特，色彩丰富。

壮族

壮族是中国人口最多的一个少数民族，在全国各省、自治区、直辖市中均有分布，主要聚居在南方。红河哈尼族彝族自治州是壮族的分布区之一，主要聚居于蒙自、个旧、屏边、河口等市县，人口 11.87 万人，占全州总人口的 2.54%（2019 年户籍人口统计数据）。

红河哈尼族彝族自治州的壮族，自称有“布侬”“布雅衣”“布老”“布仲”“布沙”等，他称有“侬人”“土老”“土僚”“沙人”“仲

壮族竹筒传情

壮族黄饭节

家”等。

在生产、生活中创造和发展的各种工具和用品，显现出壮族作为农耕民族的特色，尤其是手工业历史悠久，主要涉及纺织类、木竹制品类、酿造类、银铁制品类等。

壮族妇女擅长纺织和刺绣，以图案精美和色彩艳丽著称。男子服饰与汉族无多大区别，女子服饰为全身蓝黑，衣着藏青或深蓝色短领右衽偏襟或对襟上衣，有的在颈口、袖口、襟底均绣有彩色花边。下着长裙或长裤，裤脚边稍宽，头上包着彩色印花或提花毛巾，腰间系着精致的刺绣围裙。

傣族

傣族是云南省特有的少数民族，主要分布于云南省南部和西部的河谷平坝地区。红河哈尼族彝族自治州傣族的居住区域呈大分散、小聚居，主要居住在金平、元阳、红河、绿春、建水等县，人口 12.23 万人，占总人口的 2.62%（2019 年户籍人口统计数据）。

傣族泼水节

红河哈尼族彝族自治州的傣族自称和他称复杂纷纭，称谓有“旱傣”“水傣”“花腰傣”“白傣”“黑傣”等。

傣族人民创造并传承着以水文化和稻作文化为主的宗教信仰、风情礼仪、婚姻丧葬、科技教育、伦理道德、歌舞艺术等优秀的传统文化，以及经济社会生产形态和生活方式。

傣族最重要的节日是泼水节，红河哈尼族彝族自治州的傣族依然处于原始宗教信仰阶段，佛教文化的影响还比较少。

傣族生活在气候湿热、山林茂密、物产丰富的地方，傣族服饰充分体现了这些地理特点。各支系男子服饰差别不大，一般常穿无领对襟或大襟小袖短衫，下着长管裤，以白、蓝等色布包头。女子服饰因地区和支系而异，普遍上着短衣，下着筒裙，配以刺绣和银器装饰，衣着讲究，追求淡雅美观、轻盈秀丽的装束，协调的服装色彩，既讲究实用，又有很强的装饰性，还能显出女性的秀美窈窕之姿。

傣族姑娘

傣族赶摆路上

回族

回族是中国分布最广的少数民族。红河哈尼族彝族自治州内的回族主要聚居在个旧、开远、建水、弥勒、泸西、蒙自、石屏等县市靠近城镇的坝区，有人口 7.71 万人，占全自治州总人口的 1.65%（2019 年户籍人口统计数据），主要从事农业和工商业，信仰伊斯兰教。红河哈尼族彝族自治州回族一直保持善于经商的民族特点，社会分工比较明显，生活条件相对富裕。

红河哈尼族彝族自治州回族主要有古尔邦节和开斋节。回族服饰的主要标志在头部。男子喜爱戴白色的圆帽，喜欢穿白衬衫、白高筒布袜、白布大裆宽松裤等；阿訇、满拉缠头的较多，袍子和大衣是满拉、阿訇和回族老人喜爱的服装。回族妇女常戴盖头，传统服饰以圆领长袖大襟套衫为主。

回族姑娘

布依族

布依族主要分布在贵州、云南、四川等省。红河哈尼族彝族自治州布依族主要聚居在河口县桥头乡老董上寨、老董下寨、老汪山、萍子地、夹马石一带，自称“东苗”“仲家”。因其来自贵州都匀地区，又称“都匀人”。有人口 0.39 万人，占全自治州总人口的 0.08%（2019 年户籍人口统计数据）。传统手工业主要包括纺织、竹编、木制品制作等。

自然崇拜和祖先崇拜一直伴随在布依族的生产生活之中，主要节日有牛王节和花米饭节。布依族的七彩花米，用纯天然的植物染料精制而成，具有浓烈的民族特色和地方文化特征。

红河哈尼族彝族自治州的布依族喜欢穿蓝、青、黑、白等颜色的衣服。男子服饰有一定特点，通常头缠青布帕，上身穿藏青色对襟长袖短衣或长衫，下穿大裆裤。女子服饰美观大方，主要由绣花包头、上衣和长裤组成，戴绣花围腰，配绣花挎包。

布依族姑娘过“六月天”

布依族姑娘

拉祜族

拉祜族是中国最古老的民族之一。红河哈尼族彝族自治州内的拉祜族主要居住在金平县绿春县南部，有人口1.32万人，占全自治州总人口的0.28%（2019年户籍人口统计数据）。中华人民共和国成立前处于居无场所的原始公社经济社会形态。中华人民共和国成立后，同其他兄弟民族一道进入社会主义。

拉祜族少女

中华人民共和国成立前，拉祜族人民不会纺线织布、缝制衣服，出林定居后向哈尼族、傣族

拉祜族吹芦笙

学习纺线织布技术，并根据本民族的喜好学习缝制衣服。拉祜族男子上穿蓝色或青色对襟短衫，下穿宽筒长裤。女子上穿黑色右襟长衣，袖口、衣边均镶各色布条花边、银泡，下穿长裤。

拉祜族善于用野藤、大竹、薄竹和藤条为原料编织生产生活用品，擅长制弩。

布朗族

布朗族女性

红河哈尼族彝族自治州境内的一些布朗族自称“莽”，他称“莽人”，主要散居在金平县中越边境上靠中国一侧的高山密林中。现居住在金平县金水河镇南科村委会和乌丫坪村委会的南科新寨、坪河中寨、坪河下寨和雷公打牛4个村，有人口1035人，占全自治州总人口的0.02%（2019年户籍人口统计数据）。中华人民共和国成立前，莽人过着原始共产制的经济生活。20世纪50年代末60年代初，中共蒙自地委和金平县委组织工作组，帮助莽人走出密林定居定耕，一步跨入社会主义社会。2009年，正式归族为布朗族，莽人是中国最后一个走出大山的原始部落，这个部落跨越千年的伟大历史变革，一直受到党和政府的关注。

布朗族男子上穿黑蓝色对襟短衣，下穿长裤。女子上穿开襟短袖上衣，仅长及胸部，配银饰，系围腰，下穿傣式筒裙。

丰富多彩的民族特色文化

在历史的演进和长期的生产生活中，红河哈尼族彝族自治州各族人民充分利用自然资源的馈赠，制造出独具民族特色的生产生活工具，有效地提高了生产能力和效率。在改善生活条件的同时，各族人民创造了丰富的精神世界。

哈尼族多声部音乐、铓鼓舞，彝族烟盒舞、海菜腔等一大批弥足珍贵的非物质文化遗产熠熠生辉；哈尼族十月年、彝族火把节、苗族采花山等民族节庆丰富多彩；长街宴、土司宴、汽锅鸡、烧豆腐等滇菜的美食代表别具特色，让人流连忘返。每年有超过 4200 万海内外游客慕名而来，畅游山水之间，体味红河风情。

丰富多彩的民族特色文化

节日庆典

长街宴

作为哈尼族十月年中的一个习俗，长街宴是一个祈福的宴席。人们从咪谷的“神位”席那里，请求喝一口阿倮欧滨（地名）的圣水，手里夹着一双筷子，从“龙头”席沿街吃到“龙尾”，互相祝福事事顺心，家兴业旺，平安幸福。

长街宴是哈尼族的一种传统习俗。昂玛突节是哈尼族人民祭护寨神、拜龙求雨的节日，也是作为庄稼人的哈尼族人们最盛大的节日，节日当天，家家户户要做黄糯米、三色蛋、猪、鸡、鱼、鸭肉、牛肉干巴、麂子干巴、肉松、花生米、“欢心谷舞”红米饭等近 40 种哈尼族风味的菜肴，准备好酒，抬到指定的街心摆起来，一家摆一至两桌，家家户户桌连桌沿街摆，摆成一条 700 多米长的长街宴（当地人也称“长龙宴”或“街心酒”），这是中国最长的宴席。

长街宴

彝族火把节

火把节是彝族最隆重盛大的传统节日，火把节多在农历六月二十四举行，其中涉及的三个数字，“六”指阴历年的起点，“二”指阴阳两截，“四”指四季。“火把节”一词是汉学家根据节日活动时“夷人以火炬”度节来命名的。火把节的原生形态，简而言之就是古老的火崇拜。火是彝族追求光明的象征。火把节节期3天，节日期间，彝族各村寨都要举行隆重的祭祀活动，祭天地、祭火、祭祖先，祈求六畜兴旺、五谷丰登，体现了彝族人民尊重自然规律、追求幸福生活的美好愿望。

彝族火把节

苗族花山节

花山节是苗族最盛大的传统节日，流传于云南省各苗族聚居区。每年农历正月初三至初七，苗族同胞聚集在一起，共同欢庆花山节。苗族花山节又称“采花山”，整个活动有立杆、祭杆、闹杆、收杆四个程序，每个程序都有特定的内容。苗族花山节是一个缅怀祖先、褒扬英雄、凝聚民族精神、充满幸福、欢乐的节日，承载着苗族许多古老文化信息和原始记忆，是保护和传承苗族传统文化的重要载体，发挥着凝聚民心、连接民族感情、增进民族团结和维护社会稳定的作用。

屏边苗族花山节盛况

瑶族盘王节

盘王节是瑶族最为盛大的节日，节日时间为农历十月十六。但根据各地瑶族传统习俗和谷物收成、人畜康泰的情况而定，每三五年才过一次，甚至有的 12 年过一次。每逢盘王节，村寨房舍要打扫干净，男女老幼梳妆打扮，换上节日盛装，载歌载舞，尽欢而散。

盘王节上载歌载舞的瑶族少男少女

壮族三月三

壮族三月三也称“歌圩节”，意为到洞外、田间去唱歌。据说是为了纪念刘三姐，因此也叫“歌仙会”。也有传说是为了纪念古时一对经常唱山歌的情侣。当天有包五色糯米饭和抢花炮的风俗。

壮族三月三

壮族三月三花米饭

民族歌舞

红河是文化艺术的沃土、歌的海洋、舞的世界、摄影的天堂、天然的氧吧，一片叶子可以吹一首优美的歌，一棵稻草可以做一个传情达意的民间乐器，一位老人可以讲1000个精彩纷呈的传说故事，无论高山峡谷，不管白天黑夜，都可以在劳动休闲的场地唱歌跳舞，传承文化。

彝族三弦舞（阿细跳月）

彝族三弦舞（阿细跳月），云南省弥勒县传统舞蹈，国家级非物质文化遗产之一。

阿细跳月在阿细语中称为“嘎斯比”，意为“欢乐跳”，它是彝族阿细人代表性的民族民间舞蹈，源于阿细人古朴的“阿细跳月”，因多在月光下的篝火旁起舞，故名“阿细跳月”。阿细跳月发源于云南省红河哈尼族彝族自治州弥勒县西山一带，在弥勒县彝族阿细人聚居的村寨及泸西、陆良等地广泛流传。阿细跳月参加者少则十几人，多则上千人，多在祭祀、节日、盛典时表演，具有较强的自发性、自娱性和群众性。它集歌、舞、乐于一体，有规范的舞步和套路，其舞蹈可分为老人舞和青年舞，舞步包括踹脚跳、鹤步单腿跳、弹跳步、跑步跳、转身跳、拍掌跳等形式，音乐为宫调式大三度五拍节，起舞时以大三弦、大中小竹笛、小三弦、三胡、月琴、唢呐、哨子等阿细民间自制乐器伴奏。阿细跳月节奏热烈欢快，动作豪放粗犷，舞姿矫健飘逸，韵律强劲，气势恢宏，具有较强的感召力。

红河乐作舞

乐作舞，意为“大家一起跳舞”，发端于红河哈尼族彝族自治州红河县，是哈尼族和彝族群众根据晒荞子而编跳的踩荞舞。哈尼族与彝族的乐作舞在名称上基本相同，习惯上统称为“乐作舞”，它们的音乐、步法基本相似。红河县这两个民族自古以来就会跳乐作舞，目前已经成为全民性民间舞蹈。

红河乐作舞

乐作舞不限人数，但必须以偶数男女搭配围成圆圈来跳。伴奏乐器有笛子、巴乌、二胡、三弦、四弦、草秆、树叶等，配以手掌拍打节奏。目前已收集表现劳动和生活内容的12套舞蹈：舍咴、踩荞、撵调、三步弦、斗脚、纾线、找对象、擦背、游调、摸螺蛳、翻身、作瑟。舞蹈以踩荞步法、撵调步法为基础，贯穿12套舞，每套变化不同。踩荞步法为逆时针或顺时针地进三步退一步，轻盈舒展，舞姿飘逸；撵调步法在前行或后退一步时有一个小垫步，轻快敏捷，节奏明快。独特的舞步加上乐声伴奏和人声伴唱，韵味独特。

石屏彝族烟盒舞

石屏彝族烟盒舞又称“跳弦”“垄偬”等，流传于云南省红河哈尼族

石屏彝族烟盒舞

烟盒舞（一）

烟盒舞（二）

彝族自治州石屏县的彝族村寨，元明时期趋于成熟，清代和民国时期达到鼎盛。

彝族烟盒舞包括正弦和杂弦两部分，形成了山区和坝区两种风格和多种流派，舞蹈套路多达 220 套，目前仅搜集整理 117 套，其中正弦 62 套，杂弦 55 套。其舞蹈形式有双人舞、三人舞和群舞等，舞者手持旧时盛火草烟的圆形木制烟盒，在四弦的伴奏下，弹击盒底击节作舞，节奏明快，气氛热烈。石屏彝族烟盒舞个性鲜明，技巧多样，著名的技巧动作有“仙人搭桥”“蚂蚁搬家”“倒挂金钩”等。这种富有特色的民族民间舞蹈既可健身又可怡情，动作流畅潇洒，极富艺术感染力，深受群众喜爱，传播范围遍及城乡，现已发展成为集歌、舞、乐、竞技于一体的综合性舞蹈艺术。

彝族海菜腔

彝族海菜腔是海内外知名的云南彝族特有的民歌品种，又称“大攀桨”“倒扳桨”，俗称“石屏腔”，主要流传于云南省红河哈尼族彝族自治州石屏县彝族尼苏人村落。石屏彝族海菜腔属海菜腔变体的民歌，

石屏彝族海菜腔

与其他三种变体曲调沙悠腔、四腔、五山腔并称“四大腔”，彝族称之为“曲子”。

海菜腔歌唱历史悠久，在形成及发展过程中深受明清时期汉族移民所带来的汉族文化影响。清代以来的地方志中，有很多关于海菜腔歌唱的记载和诗文。一首完整的海菜腔曲调通常由拘腔、空腔、正七腔及白话腔等部分组成，结构复杂，篇幅宏大，是一种由多乐段组合，集独唱、对唱、领唱、齐唱、合唱等形式于一体的大型声乐套曲。海菜腔代表性曲目有《金翅鸟飞起来》《哥唱小曲妹来学》《石屏橄榄菜》等。

哈尼四季生产调

哈尼四季生产调是对举世闻名的哈尼梯田农耕经验的总结。哈尼四

哈尼四季生产调

季生产调深刻地阐述了春、夏、秋、冬四季轮回更替中的打埂、培育谷种、撒秧、插秧、打谷子、入仓等劳动全过程，具有很高的民俗价值和艺术价值。

哈尼族多声部民歌

哈尼族多声部民歌历史悠久，它主要流传于云南省红河哈尼族彝族自治州红河县以普春村为中心的数个哈尼族村落中。哈尼族多声部民歌包括了歌颂劳动、赞美爱情、讴歌山野田园美景等方面的内容。曲目以《吾处阿茨》(也作《栽秧山歌》)和《情歌》最具代表性。演唱方式分为有乐器伴奏和无乐器伴奏人声帮腔两种。哈尼族多声部民歌的演唱场合多样化，梯田、山林和村寨都可以是其表演空间。伴奏乐器均由民间歌手自己制作，三弦、小二胡只在普春村使用。哈尼族多声部民歌的唱词

哈尼多声部《栽秧山歌》

结构以开腔用词、主题唱词、帮腔用词三部分构成一个小的基本段落，其音乐形态在歌节结构、调式音列、调式色彩、调式组合和多声部组成等方面都显示出鲜明的民族和地域特征。

哈尼族多声部民歌中凝聚着哈尼族的音乐智慧和才能，展现出哈尼族独特的演唱天赋。在田野考察过程中，有关专家已采录到8个声部的原生形态哈尼族多声部民歌，这极为罕见，具有很高的历史、科学和艺术价值。哈尼族多声部民歌是中华民族音乐的瑰宝，已引起国内外音乐界人士的广泛关注。哈尼族多声部民歌与社会生产，尤其是与梯田稻作农耕劳动相伴而生，它是研究哈尼族文化及其民族性格和审美观念的重要资料。

蒙自彝族花灯

蒙自为历代兵防重镇。明、清以来，屯垦戍边将士与土著民族的不

蒙自彝族花灯

断结合，使得中原文化渐开蛮荒之地。随着改土归流的实施和中央王朝权力的不断深入，蒙自社会经济从土司奴隶迅速转入封建地主制。兴盛的科举制度又造就了一批批土著民族的知识分子，由此促进了边疆与内地的全面文化交流。蒙自彝族花灯就是在这样的历史文化背景下产生的。

蒙自彝族花灯发祥于长桥海边的彝乡辛乙孔村（即今雨过铺镇永宁村），传承至今已有百余年历史。早在清同治年间，辛乙孔村就有了花灯

看彝族花灯演出

蒙自彝族花灯演出

演唱活动，并在本村秀才杨鸿仪的倡导和参与下，取当地民间素材编剧入戏，嘲讽鞭挞强权，揭示民间疾苦，传达底层贫民寒士的喜怒哀乐之情于说唱花灯歌舞之中，留下了《小鲤海》《花鼓公》《打渔》《放羊》等十多个剧目及《金银点》《猜花调》《梳妆调》《拜年调》等十多首曲目。

蒙自彝族花灯融歌、舞、剧于一体，行腔道白皆为汉语，生、旦、丑、末同演文戏，剧情活泼，语言诙谐，舞姿优美，乐曲欢快。器乐以四弦、三弦、滇胡、京胡为主，无打击乐。道具仅为巾、扇、花鞭。生、旦、丑、末角皆有一定行头，脸谱崇尚自然淡妆。

蒙自彝族花灯在知识分子的参与下，经历代艺人的锤炼，以其独特的表演风格、浓郁的乡土气息、优美的民歌风韵自成一体，深深植根于红河南岸彝族民间，历百余年而不衰。

红河特色美食

美食是大自然的馈赠，漫长的岁月里，红河人民依靠丰富多彩的天然植物，创造了许多具有地方风味和民族特色的美食。这些传统美食反映着这方水土的多元文化，见证着生物多样的立体气候、丰富多彩的生态资源。

蒙自过桥米线

作为红河哈尼族彝族自治州文化名片之一，蒙自过桥米线选料考究，用料多样，吃起来鲜香滑嫩，味美可口，营养丰富。蒙自菊花、建水草芽、石屏豆腐皮、香酥、鲜肉、鸡肉等众多美食，在高汤的调和下鲜香四溢，让食客深切体会到蒙自的美食文化。

蒙自过桥米线

蒙自年糕

年糕是蒙自的特产，有年年高、一年更比一年好的寓意，至今已有300余年历史。在蒙自人眼里，年糕不仅代表吉祥、甜蜜，更有老一辈人的美好回忆。蒙自年糕外表光滑，色泽莹润，糕质细腻，瓷实柔韧，入口香甜。一般用清油煎炸的年糕片，外酥内糯，十分可口。

蒙自年糕

个旧斗姆阁卤鸡

斗姆阁卤鸡取材自乡土，工艺博采众长，在云南多不胜数的烹鸡招式中，算得上独树一帜。卤鸡通身呈老南瓜色泽，鸡体干爽、舒松而不散，热食鲜甜，冷食香嫩，回味悠长。

个旧斗姆阁卤鸡

卤鸡蘸水比较特别，陈年老汤配上蒜汁、芝麻、葱花、野生小米辣、俗称“地椒”的百里香等新鲜佐料，鲜意之下埋藏着厚味。

个旧水泡梨

水泡梨是将采摘于深山里的涩梨，清洗后加中草药入缸泡制而成。水泡梨不仅风味奇特、口感极佳，还具有健脾胃、生津解渴的功效，因此深受游客的喜爱。

个旧水泡梨

弥勒卤鸡

弥勒卤鸡是来弥勒必吃的美味。弥勒卤鸡色泽金黄，香脆酥口，卤味飘香，鸡肉清香可口，肥而不腻，佐以青韭、白葱、玉蒜、黄姜交织而成的蘸水，一口咬下去，唇齿间香气四溢。

弥勒卤鸡色、香、味、形俱佳，选用上好的土鸡，加工方法独到，精心挑选的鸡一只一只地沿锅边放下，淹没在卤汁中，就像一部百年历史的缩影，在浓缩的光阴中完成蜕变。

弥勒卤鸡

弥勒卤鸡米线

弥勒竹园红糖

竹园红糖被李时珍收入《本草纲目》并多次褒奖，并入选《中华人民共和国药典》，被誉为“天下第一糖”。弥勒红糖坚持古法秘制，选用弥勒朋普坝子的甘蔗，以传统的物理土法熬制是竹园红糖长盛不衰的秘诀。

弥勒竹园红糖

弥勒红糖保留了绝大多数甘蔗的成分，对促进健康有一定效用，且富含碳水化合物、多种微量元素、多种单糖和多糖、其他矿物质、维生素等，保持了甘蔗较高的营养价值，适宜各类人群食用。

泸西羊汤锅

到泸西，一定要喝上一碗羊肉汤，养生健康，用羊鲜味触动你的味蕾，打开你的泸西美食文化之旅。

泸西羊汤锅

一锅清水、一把食盐、3小时的火候，便可以将羊肉的口感发挥到鲜香的极致。冬天吃清汤羊肉、黄焖羊肉、鸳鸯火锅，精挑细选的羊肉，鲜香扑鼻的羊肉汤，辅以秘制调料，其汤清而不浊、鲜而不腥，让人食后回味无穷。

泸西“八大碗”

泸西“八大碗”主要由四荤四素组成。四荤为方肉、酥肉、扣肘、肉丸子等，材料精选肘子肉，后臀肉；四素为豆腐（炸豆腐或白豆腐）、海带、粉条和农家时令菜蔬（如萝卜、白菜、茄子等）。泸西“八大碗”菜肴制作精良，选材考究，经济实惠，肥而不腻，老幼皆宜，且色、香、味俱佳，荤素搭配，营养丰富。

泸西“八大碗”

建水汽锅鸡

用建水紫陶汽锅蒸出的鸡，香味浓郁，味道鲜美，油而不腻，营养健康，原汁原味。

建水汽锅鸡

开远甜藠头

开远的鲜藠头，颗粒整齐，金黄发亮，香气浓郁，鲜嫩脆糯，酸甜爽口，再辅以精选的蔗糖、辣椒、白酒等辅料，食之能增食欲、助消化，广受人们喜爱。

开远甜藠头

石屏豆腐

石屏豆腐色泽金黄，油光发亮，质地细密均匀，味道鲜美，柔嫩爽口，是当地人招待宾客的上乘之品。用包浆豆腐做成油酥小豆腐又称“爆米花豆腐”，一个比薯片更酥、比爆米花更脆的美食，入口的瞬间，轻轻一咬，“咔嚓”就碎了，令人欲罢不能。

石屏烤豆腐

石屏八面煎鱼

据说，石屏八面煎鱼有近百年的历史。所谓“八面”，只是个虚数，主要还是面面俱到的意思。鱼是选自石屏县城南异龙湖和宝秀镇西南面赤瑞湖里的淡水鲤鱼和鲫鱼煎制的。制作时浑圆的鲤鱼破肚去鳃，不必除鳞，慢慢煎制，文火窄油，煎成的鲤鱼外焦里嫩，滋味醇厚又清甜爽口。

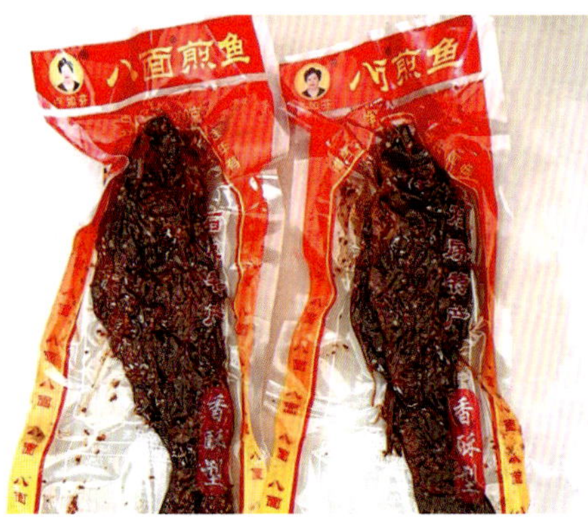

石屏八面煎鱼

哈尼蘸水鸡

元阳县哈尼蘸水鸡

哈尼蘸水鸡鸡肉里渗透着糯米的香味，再加上蘸水中各种配料的融合，似乎瞬间打开了舌头上的味蕾，咽下去回味无穷。

屏边白河凉鸡

屏边白河凉鸡

白河凉鸡是屏边风味饮食中的招牌产品。选用本地未生蛋或未啼鸣的仔鸡，经过特殊制作方法，加上白河乡得天独厚的地理气候条件，利用白鹤山天然矿泉水煮制而成。凉鸡具有地方特色，食用时配以特制的酸、甜、麻、辣的蘸水，味道鲜辣可口，肉质酥软细嫩，回味无穷，是当地佳肴中的上品，深受群众喜爱。

红河迤萨那刀辣

红河迤萨那刀辣

因产于石屏县牛街乡的那刀村，因而叫那刀辣。

一种体小、细长，看上去酷似小米辣的辣椒，当地人称“那刀辣”。这种辣椒与其他辣椒不同，那刀村地处石屏县牛街乡西南部，与红河县迤萨镇隔红河相望，从而形成产在石屏，出名在红河县城迤萨的特殊文化现象。那刀村海拔1600多米，属于热河谷地带，终年炎热干旱，水极为缺乏，有“水如珍珠土如油”之说。那刀辣是一种抗旱能力相当强的经济作物，零星种植在那刀村一带乱石堆的缝隙里和岩石间，只有在这些地方生长的那刀辣，才具有那刀辣真正的品性，所以，当地流传着这样一句话：“一个石头四两油，种辣无石辣无油。”

绿春酸笋煮连壳螺蛳

酸笋，是哈尼族利用家乡的特产竹笋腌制的酸菜。把它与其他鱼、肉类烹调而成的各种菜肴，味浓生津让人垂涎，特别是与连壳螺蛳共煮，食法特殊，别具风味。哈尼山乡的螺蛳不同于内地那种壳厚肉少、腥味强烈的海螺。它大如核桃，小如指头，皮薄肉丰，遍布于块块梯田里。早春二三月或秋收后都可在田里捡到无数的螺蛳。捡来后放在盆里，时常更换清水，让其吐尽污物，就可煮食。酸笋煮连壳螺蛳，方法简便，把已吐去污物的螺蛳剁去屁股清洗干净后，连壳放进已加热的铁炒锅里加适量盐巴，干炒。待螺蛳水汽炒干，螺盖脱落便放油，油热再放水，水涨便放酸笋，煮到一定时间加花椒、辣子、薄荷即可食用。螺汤下饭，胃口大开，倍增食量。

绿春酸笋煮连壳螺蛳

河口瑶族米酒

河口瑶族米酒，因酿制工序不同于甜白酒，故有其独特风味，蜜香浓郁，入口甜美，在瑶族村寨，逢年过节或招待宾客时，必备此酒。

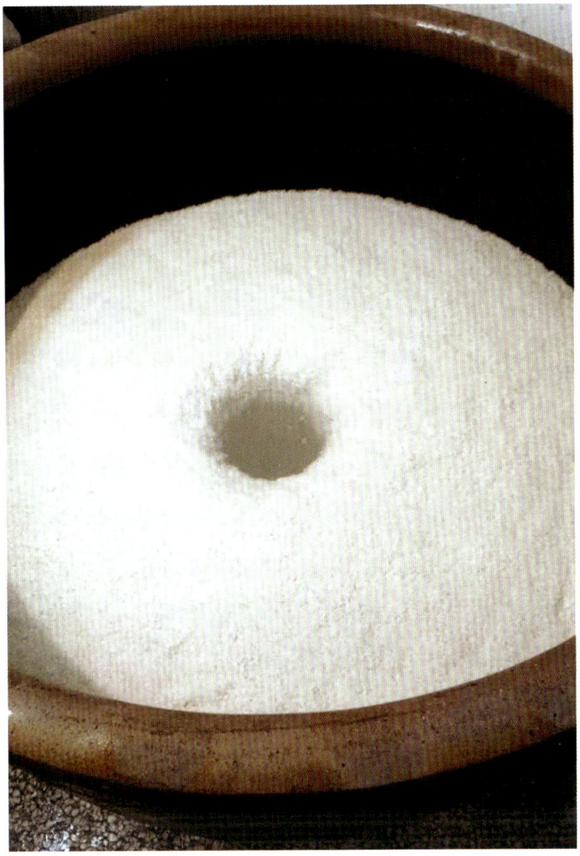

河口瑶族米酒

金平壮族五色糯米饭

金平县糯米饭很出名，但是不同民族都有自己的特色，壮族五色糯米饭又叫“花米饭”或“青精米饭”，是壮族人民喜爱的食品之一。

五色糯米饭是用糯米泡在枫叶汁、紫蓝草汁、红草汁、黄花汁里分别染成黑色、紫色、红色、黄色，加上本色（即白色）蒸制而成。五色糯米饭，色香味俱全。蒸熟后的糯米饭，几种颜色混在一起，非常好看。香气袭人，其味鲜美，且有微甘，甚是好吃。

金平壮族五色糯米饭

第四章

欣欣向荣的红河

红河哈尼族彝族自治州历史悠久，勤劳智慧的红河哈尼族彝族自治州各族人民创造了世界文化遗产哈尼梯田，国家级历史文化名城建水，开发了祖国的西南边疆。

雄浑壮美的自然景观、深厚神秘的民族文化及多彩浓郁的民族风情成就了红河哈尼族彝族自治州丰富的旅游资源。“梯田魂、古城韵、福地灵、异域情”四大旅游元素交相辉映；农业、工业、文化与旅游融合发展，红河旅游正在成为云南旅游新的方向。

庆祝红河哈尼族彝族自治州成立 60 周年

弥勒岩画

梯田云海

金山大地

美丽家园

滇南之心
魅力蒙自

蒙自南湖

蒙自之名，始见于元，因位于境内目则山而得名。一碗关于爱的过桥米线，在这里成就一方名膳；一条滇越铁路，见证了足足一个世纪的历史。高原的神奇与滇南的灵秀在这里完美结合，近代历史与现代文明在这里相互交融。

名列云南十大名小吃之首的过桥米线，源远流长。它历经了300多年的风雨沧桑，逐渐形成了从用料、制法到风味特点完整的显著个性，从而跻身于“中华名小吃”之列，蒙自市也因此荣获“中国过桥米线之乡”的称号。

蒙自，北回归线穿境而过，冬无严寒，夏无酷暑，雨热同期，蒙自地处低纬高原，干湿季节分明，光热资源充沛。优越的气候和宽广的土地资源孕育了丰富的物产，四季均有时鲜水果。甜石榴、大枇杷、小红枣荣称蒙自水果中的“三宝”。蒙自石榴种植历经700多个春秋，作为标

志性产业，以皮薄、粒大、核软、味甜而著称，其连片种植规模、产量、品质堪称中国第一。

蒙自历史悠久，是云南省建县最早的24个千年古县之一，在近代也是云南省对外贸易的重要口岸，在蒙自诞生了云南多项第一（第一个海关、电报局、邮政局、外国银行、民营铁路、外资企业、驻滇领事馆、火电站均在蒙自建立）。此外，中共云南省委第一次代表大会会址、西南联大文法学院旧址均在蒙自，在对外开放和近代工业文明的历史发展进程中，具有十分重要的地位。

红河哈尼族彝族自治州州府回迁蒙自以后，蒙自进入了全面发展的新阶段，一座最具神韵的滇南中心城市，一座国际化、市场化、人文化、生态化的旅游城市正在滇南大地迅速崛起，成为红河哈尼族彝族自治州名副其实的政治、经济和文化中心。

红河哈尼族彝族自治州工业园区

蒙自海关税务司署旧址

世界锡都 宜居个旧

世界锡都——个旧，是滇南城市之心，昆玉红旅游带上的重要城市。个旧市位于云南省东南部、红河北岸，地跨东经 102° 54′ ~103° 25′ 、北纬 23° 01′ ~23° 36′ ，北回归线横贯北郊，东、西、北分别与蒙自市、建水县、开远市接壤，南隔红河与元阳、金平两县相邻。全市辖六镇二乡一区，总面积 1587 平方千米，距省会昆明市 280 千米，距国家级口

锡都个旧夜景

个旧出土的国家一级文物——铜俑灯和孔雀灯

岸——河口县244千米。个旧属高山丘陵地区，山区占总面积的86%，全境分为平坝、中山区、低山河谷区三种不同的地貌类型。海拔在150~2740米，立体气候特征明显。个旧在云南这个“有色金属王国”中占有重要位置，是中国最大的锡工业基地，具有悠久的矿业开发历史。据史料记载，在距今两千多年前的汉代就对银、锡、铅进行了开采，元明时期，铜的开采很兴盛，清代以后，锡的开采规模越来越大，产量居全国第一。境内有色金属矿藏丰富，探明的矿产资源有锡、铜、铅、锌、钨、铟、银等28种，保有有色金属储量180.52万吨，其中霞石储量约30亿吨，为全国之冠。个旧悠久的锡矿开发史营造出了绚丽多姿的古老文化，有着300多年制作历史的锡工艺美术品，半个多世纪来，“云锡”牌精锡在国际市场上一直享有免检信誉，其色似银，亮如镜，光彩耀眼，富贵高雅，在我国丰富的工艺美术品百花园中独树一帜。

个旧市四面环山，森林资源丰富，湖泊景观优美，生态宜居，先后荣获“国家卫生城市”“中国十佳绿色城市”“中国人居环境范例奖”“中国特色魅力城市”“全国文化先进市”“全国武术之乡”称号，被誉为“中国最适合人类居住的城市”。

滇南重镇 幸福开远

开远市位于云南省东南部，红河哈尼族彝族自治州中东部，东接丘北、砚山，南连蒙自、个旧，西靠建水，北邻弥勒。地处中国—东盟两大市场结合部和中国昆明、越南河内两大城市辐射交汇点，素有“滇南

开远幸福大草原

开远南洞风景区

开远生态湖

毓秀”“滇南商埠”之美誉。夏商周属句町国，明、清设阿迷州。1931年，取“四面伸开、连接广远”之意改称“开远”。开远有南洞国家AAAA级景区、凤凰生态公园、泸江公园、大黑山等旅游资源。

1909年滇越铁路的开通，使得开远成为云南重要交通枢纽，商贾劳工云集，商旅、邮电、采矿、手工等行业迅速发展。近年来，开远市十分重视生态优先，绿色发展，着力提升市民的幸福生活指数，依托工业城市丰富的医疗资源、优越的养生条件，大力发展休闲农庄和乡村旅游，工业城市发生了历史性的美丽蝶变，2021年开远市荣获首批“云南省美丽县城”称号。

墨香古城
上善建水

建水县位于云南省南部，红河中游北岸，北回归线横穿境内南部，为亚热带地区。东接弥勒市、开远市和个旧市，南隔红河与元阳县相望，西邻石屏县，北与通海县、华宁县相连。建水县总面积 3789 平方千米，总人口 54 万人，世居汉族、哈尼族、彝族、回族、傣族、苗族 6 个民族，是云南边陲一座色彩斑斓、钟灵毓秀的文化名城。

建水十七孔桥

建水朱家花园

建水历史底蕴醇厚。建水有 1200 余年的建城历史，唐元和年间南诏国筑“惠历”城，明清两代设临安府。自元代以来为滇南政治、军事、经济、文化和交通中心，兴盛达 7 个世纪之久，素有“滇南邹鲁、文献名邦”之美誉，拥有“千年临安古城”“千年建水紫陶”两张亮丽名片，是中国历史文化名城和云南多元文化融合最具代表性的地区之一。

建水文化遗产殷实。建水文庙是全国最大的地方性文庙，雄镇滇南 600 多年的朝阳楼是古城标志性建筑，大型私家园林朱家花园被誉为“滇南大观园”，世界纪念性建筑遗产团山古村是云南最精美的古民居群。古桥、古塔、古井、古街等文物古迹星罗棋布，堪称历史博物馆，荣获国家级重点风景名胜区、中国最令人向往的 50 大旅游胜地、中国最美风景县等桂冠。建水古城是全国历史文化名城，被云南诗人于坚称为“中国唯一活着的古典城市”，具有人间烟火味道的世外桃源和固执地保留传统农耕慢生活的艺术样本。

文献名邦
状元故里

石屏县东临建水县，南望红河县，西接元江县、新平县，北靠峨山县、通海县，历史上是滇东南乃至两广地区通往普洱、西双版纳地区的重要通道和茶马古道重镇。石屏境内山岳纵横，河湖遍布，云南九大高原湖泊之一异龙湖坐落于此。环湖风光秀丽，乃云南罕有的鱼米之乡。湖畔人文古迹众多，徐霞客曾游历至此，并盛赞此地风光为“滇南明珠三岛九曲”。湖西岸的石屏古城迄今已近700年历史，依然保存完整。徜徉城中，古州衙、文庙、状元府、太史第等历史建筑鳞次栉比，让人流连忘返。这些古老而故事满满的建筑群背后，是石屏几百年盛行的耕读传统和深厚文化底蕴。明清两朝，石屏共有640名举人、77名进士、15名翰林从这里走出，数量在云南全省仅次于昆明、大理两地。其中，光绪年间一举夺得全国“经济特元”的石屏人袁嘉谷，被大学士孙家鼐赞为“国朝第三人”。

石屏素有“文献名邦”之誉，无论在自然、人文资源方面均可圈可点，“山川东迤无双境，文学南滇第一州”是对这里恰如其分的评价。

石屏北部独特的民族风情也令人神往，著名的“海菜腔、烟盒舞、花腰歌舞、花腰女子舞龙”早已享誉海内外，被誉为“中国原生态歌舞之乡”。

石屏也是云南首屈一指的美食之乡，石屏豆腐用天然卤水制作，工

石屏文庙

艺为中国一绝，味道冠绝全滇。

石屏立体气候孕育出的大杨梅、火龙果、蓝莓、红心猕猴桃等特优水果，四季不断，味道鲜美，也让这里成为云南人心目中的“水果之乡”。

2021 年 1 月 19 日，国家民委命名石屏县为第八批全国民族团结进步示范区。

红河水乡
福地弥勒

弥勒市位于云南省东南部、红河哈尼族彝族自治州北部，是红河哈尼族彝族自治州“北大门”，属滇中城市经济圈、滇南中心城市群接合部，北达省会昆明，南抵河口口岸，西通两广，区位优势得天独厚，自然资源丰富优渥。

弥勒物华天宝，资源富集。地处亚热带季风气候区，雨水充沛，光照充足，冬无严寒，夏无酷暑，自然资源丰富，有“蔗糖之乡”“烤烟之乡”的美誉。

弥勒人杰地灵，文化璀璨，是世界上唯一与佛同名的城市，孕育了明末兵部尚书杨绳武，清末巨商王炽，全国政协原副主席、抗日虎将张冲，

弥勒湖泉公园

弥勒美景

弥勒东方韵

数学泰斗熊庆来等名人巨匠；古滇名士孙髯翁晚年移居弥勒并长眠于此；阿细跳月、阿细先基和阿细祭火等非物质文化遗产在此发源和传承。

弥勒风光迷人，景色秀丽。湖泉生态园居于繁华，取舍静谧；可邑小镇山林秘境，醉美彝乡；锦屏山风景区佛光耀目，灵气氤氲；太平湖森林公园浮岚暖翠，缤纷旖旎；东风韵小镇文人芳华，墨客江山；红河水乡远山青黛，古朴雅致；白龙洞鬼斧神工，别有洞天；云南红酒庄葡萄飘香，美酒醉人。“一水、一佛、一灵地，一树、一砖、一洞天”，弥勒旅游之潜富蕴于其中。

近年来，弥勒市以习近平新时代中国特色社会主义思想为指引，主动服务和融入“一带一路”建设，在“融入滇中、联动南北、开放发展”方面做出示范，相继荣膺“中国最佳文化生态旅游目的地”“国家园林县城”“国家卫生城市”“云南省民族团结进步边疆繁荣稳定示范市和云南省先进平安市”等桂冠。2021 年，弥勒市荣获首批云南省美丽县城称号。

部落城府
生态泸西

泸西县位于云南省东南部、红河哈尼族彝族自治州北部，地处红河、文山、昆明、曲靖四州市交会地带，被誉为“昆明通两广之捷径”“红河哈尼族彝族自治州北大门”。战国属楚，西汉置县，元明清为路、府、州治所。自杞古王国的传奇故事演绎着彝族部落联盟的兴衰成败，南盘江

泸西景色

泸西“云南第一洞”阿庐古洞

泸西县城

畔绵延的古驿道诉说着“商旅络绎，车马辐辏”的繁荣景象，《徐霞客游记》记录了“云南第一洞”阿庐古洞鬼斧神工的喀斯特地下奇观。

踏入泸西，高原花园城市的春风扑面而来。邀您到东方玫瑰谷看花海，邀您到高原梨花海玩自拍，邀您到老东山森林氧吧捡山菌，邀您到吾者温泉做疗养，全国休闲农业与乡村旅游示范县会给您带来不一般的体验。这里目不暇接的，还有阿庐国家地质公园、黄草洲国家湿地公园、观音山国家森林公园、全国青少年校园足球试点县等这些响亮的名片，是您休闲康体之旅的温馨向导。泸西最令人难忘的是那家家相通、户户相连的“你家的屋顶是我家的庭院”的千年城子古村，它是中国农耕最淳朴的乡愁。2019 年泸西县入选云南省“一县一业”示范县。

云上梯田
梦想元阳

元阳哈尼梯田

元阳县哈尼梯田——世界文化遗产地，位于云南南部，红河南岸，哀牢山脉南段。地处东经 102° 27′~103° 13′，北纬 22° 49′~23° 19′。全县世居哈尼族、彝族、傣族、壮族、苗族、瑶族、汉族 7 个民族，占总人口的 88%。县城南沙距省会昆明 320 千米，距州府蒙自 89 千米。

元阳哈尼梯田，先后被列入世界文化遗产、全球重要农业文化遗产保护试点、国家湿地公园和全国重点文物保护单位。

元阳哈尼梯田有传承千年的梯田农耕文化和风情浓郁的民族文化，哈尼古歌“哈尼哈巴”“哈尼四季生产调”和哈尼族长篇迁徙史诗《哈尼阿培聪坡坡》被列入国家非物质文化遗产名录。《哈尼古歌》作为米兰世博会中国馆唯一驻演节目，获得各国嘉宾高度赞誉。民族刺绣走向全国，梯田红米走向世界，“稻鱼鸭”综合种养模式成为精准扶贫新亮点。

元阳哈尼梯田，美景四季特色各异，梯田、云海、森林、蘑菇房的神秘色彩景观，形成了可遇不可求的梦幻奇景。因此，得天独厚的 12667 公顷梯田被中外游客赞誉为“中华风度，世界奇观”。

滇南侨乡
马帮驿站

红河县位于云南省南部、红河哈尼族彝族自治州西南部，地处红河谷绿色经济走廊前沿，是红河哈尼族彝族自治州对接玉溪市、普洱市的重要门户，是连接昆河高速、昆曼高速两条国际陆路大通道和滇中、滇西、滇东南三大经济圈的交通节点，是一个集边疆、民族、山区为一体的多民族聚居区。全县面积 2028.5 平方千米，县域地势中部高，南北两

哀牢山红堡（一）

哀牢山红堡（二）

翼低，96% 的面积均为山地，可分为低山河谷区、半山区、山区三大地形类型，最高海拔 2746 米，最低海拔 259 米。全县辖迤萨、甲寅、乐育、宝华、浪堤 5 个镇，石头寨、阿扎河、洛恩、大羊街、车古、架车、垤玛、三村 8 个乡，3 个社区，88 个村，824 个自然村，1092 个村民小组，常住人口 34.06 万人。世居汉族、哈尼族、彝族、傣族、瑶族 5 个民族，少数民族人口占 96.2%。其中，哈尼族人口占 79.5%，有 26.8 万人，为全国最大的哈尼族聚居县。

红河县自然资源和人文资源丰富，素有“华侨之乡、歌舞之乡、棕榈之乡”的美誉和“云端古城堡、天上撒玛坝、醇情哈尼人”的美称。目前全县在外华侨有 1 万余人，分布于 18 个国家和地区，是全省第二大侨乡。县城迤萨是彝族仆拉支系的音译为“干旱少雨”的意思，是红河的重要渡口和古马帮的驿站，被外人称为“马背上的山城”和“红河谷的城堡”，城内有中西合璧式、城堡式、庭院式等古建筑群 40 多处。被史学家、建筑家称为“江外建筑大观园”和“遗落在红河谷里的法式小镇”。

红河哈尼长街宴历史悠久，“奕车风情”独具一格，“哈尼多声部”“乐作舞”被列为国家级非物质文化遗产。县域哈尼梯田面积 1.76 万公顷，是世界文化遗产、全球重要农业文化遗产的重要组成部分，“森林—村庄—梯田—水系”四素同构的农业生态系统，堪称世界山地生态农业的典范。

东仰绿春 哈尼圣境

绿春，原名“六村”。1958 年建县时，时任国务院总理周恩来依据境内“青山绿水，四季如春”的特点，亲自定名为“绿春”。绿春县位于云南省南部，红河哈尼族彝族自治州西南部，与越南社会主义共和国毗

东仰文化广场

绿春小黑江风光

绿春山涧瀑布

邻，国境线长153千米。县境内世居哈尼族、彝族、瑶族、傣族、拉祜族、汉族6个民族，少数民族人口占总人口的98.7%，其中哈尼族人口占87.6%，是全国单一少数民族人口比例最高的县份之一。

这里是哈尼族居住最集中的家园，哈尼族文化丰富、多样、原始、神秘，至今仍然保持着底蕴丰厚的文化品质，素有“哈尼家园·生态绿春”“中国哈尼文化之乡”之称。这里是哈尼族原始宗教文化发源地，县城附近的阿倮欧滨是世界哈尼人民向往而神秘的原始宗教文化圣地。这里是哈尼语标准音所在地，1957年国家创制的哈尼文字，就是以绿春县大寨村的哈尼语语音为标准音。这里是被上海大世界吉尼斯总部誉为“天下最长的宴席”的哈尼长街古宴的故乡。这里有世界上唯一的哈尼族民俗博物馆和哈尼神山·阿倮欧滨公园、东仰民族风情园等景区、景点。这里有古朴原始的哈尼族民居、哈尼族民俗画文化长廊。

绿春县水资源、森林资源、矿产资源丰富，拥有黄连山国家级自然保护区，数十种国家重点保护动物，县境内四季如春，气候宜人，森林覆盖率达62.3%，总面积达6.2万公顷的黄连山国家级自然保护区雄踞于县境中部，千年哈尼梯田、哈尼村寨等人文自然景观点缀其间，令人流连忘返。绿春，犹如镶嵌在绿色皇冠上的一颗璀璨明珠，神奇古朴的原始人文风情，绚丽多姿的自然生态景观，构成了一幅瑰丽绝美的山水画卷。

屏无边界 森林氧吧

屏边，取意祖国西南“边疆屏障”。屏边苗族自治县位于北纬 22°，是全国 5 个单列苗族自治县之一、云南省唯一的苗族自治县。背靠红河自治州府蒙自，面向国家级开放口岸河口，泛亚铁路东线、滇越铁路穿境而过，是通往东南亚的陆路要道。聚居着苗族、汉族、彝族、壮族等 17 个民族，以苗族为主的少数民族占总人口的 66%。先后获评“国家卫生县城”“省级生态文明县”。

屏边自然资源丰富，生态环境优美，年平均气温 16.5℃，冬无严寒、夏无酷暑，被誉为“中国最南端的春城”。紧邻县城的大围山国家公园植

屏边大围山森林公园

被类型多样，具有热带湿润雨林，是热带山地森林垂直地带系列最完整的地区，生长着5321种植物、1341种动物，蕴藏着活化石桫椤及大围山特有的密棘髭蟾等一批国家级濒危保护物种，是我国乃至世界生物多样性最为丰富的地区之一，被誉为“动植物基因库”。

火车正在通过“人字桥”

屏边，人文底蕴厚重。百年滇越铁路“人字桥”，飞跨天堑，巧夺天工，这里是中、法、越文化最早的交融地之一。各民族在此繁衍生息，孕育了多姿多彩的民族文化和民族风情，“屏边苗族花山节”被列入国家非物质文化遗产名录，滴水苗城特色小镇正蓬勃兴起。

边陲秘境 蝴蝶之乡

金平苗族瑶族傣族自治县地处云南省红河哈尼族彝族自治州南部，哀牢山脉东南端。面积 3677 平方千米，辖 13 个乡镇、93 个村委会、4 个社区、1150 个村小组，世居苗族、瑶族、傣族、哈尼族、彝族、壮族、拉祜族、布朗族、汉族 9 个民族，总人口 37.56 万人，少数民族人口占 87.05%，是红河哈尼族彝族自治州对外开放的重要窗口之一，与越

俯瞰金平

南两省五县接壤，边境线长达 502 千米，居全国与越南接壤的边境县第一位，居全省 25 个边境县第二位，占红河哈尼族彝族自治州边境线的 59.2%。拥有金水河国家级一类口岸和热水塘、地西北两个边民互市点。金水河口岸出境可经越南莱州省到达越南旅游名城奠边府市，是通向东南亚的“黄金走廊”和“胡志明小道”的最北起点。

金平历史悠久。西汉武帝元鼎六年（前 111），汉朝就在滇南设郡置官。今金平属于牂牁郡西随县地。1934 年国民党政府将金河设治局与平河设治局合并建县，取两局的第一字命名为“金平县”。1985 年成立自治县，实行民族区域自治。从 20 世纪 50 年代援越抗法支持奠边府战役、60 年代援越抗美，直到 80 年代对越自卫反击战，金平 40 余年里长期支前，90 年代初才进入正常的恢复重建。

金平县整体地势为西北高、东南低，垂直差异大，称为“两山（西隆山、分水岭）两河（红河、藤条江）三面坡”。山区面积占全县面积的 99.72%。境内有大小河流 117 条，流经的水系主要是红河水系，主要河

金平蝴蝶谷

流为藤条江。最高海拔3074.3米的西隆山是滇南最高峰；最低海拔105米，位于龙脖河与红河交汇处。海拔高差达2969.3米，气候垂直分布。因海拔悬殊，雨量充沛，气候从热带沟峪雨林气候到温带山地苔藓林气候均有分布，是典型的“一山分四季、十里不同天”的立体型气候。全县森林面积达11万公顷，有4.2万公顷分水岭国家级自然保护区，森林覆盖率达53.4%。独特的地理环境和立体气候，造就了金平丰富的动植物资源。现已查明的高等植物有223科913属2567种，包括昆虫在内的动物1万多种。特别是蝴蝶资源较丰富，蝴蝶以箭环蝶为主，有青斑蝶、枯叶蛱蝶、白带锯蛱蝶、褐钩凤蝶、喙凤蝶、紫斑环蝶等11科128属320种，丰富多彩的生物资源，构成了全国少有的生物多样性基因库。

金平滤水岩瀑布

边地河口 国门新秀

中国河口——国家一级口岸

位于云南省南端的河口瑶族自治县被誉为滇南明珠，坐落于中越交界处，因地处红河与南溪河交汇处，故名“河口”。以红河为界，河口与越南老街市、谷柳市隔河相望，中越三县市鼎立，共同发展经济，河口特殊的地理位置，被人们形象地称为“一个城市两个国家”。

河口县城海拔 100 米，南端红河与南溪河汇合处仅海拔 76.4 米，是云南省的最低点。特殊的地理位置和便利的交通条件，滇越铁路、公路及红河航道使河口成为我国西南地区通向东南亚的重要进出口通道。河口森林资源丰富，动植物和矿物种类繁多，溶洞景观多，民族风情多姿多彩，具有浓郁的边疆特色。来到河口，能观看到庄严的国门升旗仪式，能体会到有别于其他城市的异域风情风貌，能尝到具有民族特色和越南特色的食物，在越南城里还可以亲自体验与越南商人交流和讨价还价的感受。

河口旅游景点丰富多样，中越铁路大桥、越南城、盘王小镇、南溪河漂流、花鱼洞森林公园、河口口岸森林公园等。多民族地区使得河口民族节庆更多样、更热闹。瑶族盘王节，海内外瑶族同胞相聚于盘王广场载歌载舞欢聚一堂。苗族花山节，来自各村各寨的苗族人民，潮水般从四面八方聚集在“花杆”周围。青年男女对唱山歌、跳舞、打“芦笙架”、跳狮子、斗牛，整个花山场上热闹非凡。

第五章

潜力无限的红河

文化旅游融合发展的新蓝图

云南旅游的新方向，全国人民的诗和远方。

独特的区位条件，优异的生态环境，深厚的历史文化和红色文化，多彩的少数民族文化和边地文化，造就了红河哈尼族彝族自治州数量丰富、类型多元、分布广泛、品质优越的旅游文化资源，其中包括1项世界文化遗产与1项全球重要农业文化遗产、14项国家级非物质文化遗产和30处国家级文物保护单位。

随着旅游知名度不断提高，旅游基础设施和接待服务设施不断完善，旅游景区建设水平不断提升，红河哈尼族彝族自治州的文化旅游产业也呈现出快速发展的势头，一个云南旅游的新亮点新方向正在不断升温。截至2020年8月，目前全州A级以上旅游景区已达35个，其中AAAA级景区14个、AAA级景区14个、AA级景区7个，其中AAAA级景区数量居全省第一。拥有世界文化遗产和全球重要农业文化遗产1项、世界纪念性建筑遗产保护名录1项、国家级风景名胜区2家、国家级历史文化名城1座、国家级森林公园3个、国家级湿地公园4个、国家级自然保护区3个。在旅游接待设施方面，截至2020年4月，红河哈尼族彝族自治州共有星级酒店34家，其中五星级1家、四星级3家、三星级21家，旅游住宿床位数达到45.86万张。

根据红河哈尼族彝族自治州“十四五”文化旅游发展规划，今后5年红河哈尼族彝族自治州以“一核（滇南中心城市）两翼（建水、石屏、弥勒、泸西）”为支撑，紧紧围绕“三千四百年”（千年临安古城、千年红河哈尼梯田、千年建水紫陶，百年滇越铁路、百年通商开埠、百年过桥米线、百年锡矿冶炼）；重点开发“一湖两城”（异龙湖，石屏、建水古城）边地文化旅游，红河哈尼梯田生态旅游，滇南中心城市工业文明遗产，弥勒、泸西休闲康体旅游，河口、金平边境跨境游等不同类型的文化旅游资源，差异发展，突出亮点和特色，把资源优势和基础设施建设、城镇发展空间布局、产业开发项目、新型业态格局等各种资源要素进行量化对比，通过全域旅游的概念和循环发展的思路，穿针引线，最后形成一个能够对接滇西旅游环线的新通道，闯出世界一流“健康生活目的地牌”蝶变之路。

红河哈尼族彝族自治州博物馆

元阳哈尼梯田

“一核”。以滇南中心城市为支点，个旧、开远、蒙自为一体，滇越铁路为骨干，联合屏边为重点，串连开远南洞、蒙自大屯海、三角海湿地公园；新建鸡街火车站、开远发电厂、碧色火车站工业遗址的专题文化历史博物馆群；以蒙自新安所、芷村镇，屏边“人字桥”等各种历史文化资源为半径，经过铁路、高速和旅游专线，形成城乡结合、多元发展、循环通达的一小时全域旅游生态养生基地，把滇越铁路工业文化遗产和屏边大围山国家级森林公园的生态资源结合起来，打造成滇南中心城市，未来社会经济长远发展的新引擎，沿蒙自到屏边的滇越铁路大通道线上，规划建设一批铁路和工业遗址博物馆、生态景观廊道、生物多样性和民族医药研发基地，与国家级科研机构和国内外知名的连锁酒店联合，按照康养一体、文旅融合的发展思路，高起点规划滇南中心城市

石屏异龙湖

的文化旅游项目，整合蒙自、开远、个旧的工业文化遗产，融合屏边生态旅游资源，建设高品质的滇南中心城市 AAAAA 级景区，为未来红河哈尼族彝族自治州社会经济发展和滇南中心城市的转型升级提供足够的发展空间，预留足够的文化资源和生态环境。

“一翼”以异龙湖为中心，石屏、建水两个古城为重点，结合“美丽县城”建设、“拯救老屋行动”计划等项目，深入挖掘历史文化资源，按照以水定城、以廊定村、以湖定景，山、水、湖、城融为一体，城乡结合的思路，整合建水、石屏两县临安、西庄、坝心、异龙、宝秀 5 个镇，东至建水颜洞，西至石屏宝秀长约 60 千米，宽度 0.65~7.1 千米的区域内，两座古城、20 个古村落、11 个历史建筑群落资源，以异龙湖为中心，以个碧石铁路为主线，全力打造“一湖两城、一城十景、一廊十村”

的最美乡愁文化旅游线路，穿越时光，穿越历史，体验慢节奏，体验慢生活，回归诗经，回归唐诗宋词，回归田园牧歌的世外桃源，彰显中国式古典传统农耕文化的魅力，彰显建水古城活着的人文历史，擦亮石屏异龙湖湖光山色的高原湖泊生态明珠。

另“一翼”以“文旅康体一体化”促进弥泸一体化建设，形成弥泸一体化区域品牌，实现地方文化纽带强化、区域旅游资源共享与游客互送、产业共推、环境共治、旅游市场联合营销、旅游企业跨区发展等目标。统筹规划弥勒市、泸西县的旅游综合集散、温泉水疗、葡萄红酒、特色农业休闲、高原体育运动、商务会议会展、民族节庆体验等旅游功能，推动弥勒泸西旅游教育、人才发展联盟等合作治理创新；加强弥勒、泸西阿细跳月、花卉博览会等重大节庆会展活动联动，促进区域文化旅游合作提升。

聚焦“文、游、医、养、体、学、智”全产业链，大力发展生态旅居、养生旅游、新型养老等新业态，推动大健康产业与旅游、体育、文化、养老等产业深度融合。主动融入大滇西旅游环线、昆玉红旅游文化带，加快建设滇南文化旅游经济带，推动全域旅游发展。打造一批国际化、高端化、特色化、智慧化旅游产品，今后5年红河哈尼族彝族自治州要建成运营100家以上半山酒店，每个县市至少有1家五星级酒店，不断提升“云上梯田·梦想红河”文化旅游质量、品牌和影响力。把哈尼梯田、建水古城建成国家AAAAA级旅游景区，蒙自碧色寨、屏边“人字桥”等打造成滇越铁路世界级旅游品牌，弥勒建成国际一流山水田园城市典范，率先打造成为世界一流“健康生活目的地”云南样板，建水、石屏打造成“滇南最美乡愁之旅”。深化拓展“两山”理论实践创新基地建设，围绕“四素同构”，活态保护利用哈尼梯田，高质量打造人与自然和谐共生的典范。到2025年，文化旅游综合收入达2000亿元以上。

红河文化旅游重要景点景区

天地有大美，你也是其中。

元阳哈尼梯田

元阳县境内多是崇山峻岭，所有的梯田都修筑在山坡上，梯田坡度在 15° ~ 75°之间。以一座山坡而论，梯田最高级数达 3000 级，这在中外

元阳哈尼梯田

梯田景观中是罕见的。元阳哈尼梯田主要有三大景区：坝达景区包括箐口、全福庄、麻栗寨、主鲁等连片933多公顷的梯田，老虎嘴景区包括勐品、硐浦、阿勐控、保山寨等近400公顷梯田，多依树景区包括多依树、爱春、大瓦遮等连片上万亩梯田。如此众多的梯田，在茫茫森林的掩映中，在漫漫云海的覆盖下，构成了神奇壮丽的景观。

建水团山民居

团山民居位于建水县西庄镇团山村，距县城13千米，是建水的历史文化资源景点之一。

团山民居

团山张姓始祖，于明朝年间（1390—1406）由江西饶州府鄱阳县贸易入滇，定居团山，逐渐发展成为一个大家族。清光绪年间，村里的一批人走出家门，到个旧开发矿业，挣得钱财，便回乡建盖豪宅。以此光宗耀祖、辉耀门庭。现保存完好的传统民居有 15 处，古建筑 7 处（包括寨门 3 座、寺庙 3 座、宗祠 1 座）。整个民居建筑群形式多样，占地不等，规模不同，大小不一，但都以其形制规整、布局灵活、空间丰富、外雅内秀，凸显出滇南民居的典型特征。这些民居，木雕、砖雕、石雕艺术品遍布于房屋的梁檩枋拱、门窗隔板、雀替栏楣、槛墙花砖、石缸柱础、束腰（须弥座）石雕等构件上，其形式多样，图案繁多，雕刻精细，风格不一，各具特色。书画彩绘同样是团山民居建筑装饰的一大特点。据统计，团山村民居建筑中，有书法作品 2977 幅、绘画作品 2617 幅，书画作品合计达 5594 幅，其书体全面，画风劲朗，内容丰富，构图严谨，简练活泼，布局不拘。

团山民居以其精湛的木雕工艺和民间装饰艺术凸显滇南民居建筑的典型特征，见证滇南人民的生产、生活，为滇南民居的建筑精品，是滇南民居的精华。其价值不仅在云南，而且在全国都有很高的知名度。

建水朱家花园

朱家花园位于建水古城中心翰林街中段，是清末光绪年间朱氏族人耗时 30 余年建造的一座百年历史私家豪宅，整座建筑坐南朝北，占地面积 2 万多平方米，其中房屋建筑面积 5000 多平方米。有大小房舍 214 间、天井 42 个。其主体建筑呈“纵四横三”布局，为当地“三间六耳三间厅附后山耳，一大天井附四小天井”式传统民居并列联排，又变通组合而成的大型建筑群体，主体建筑分为内宅院、宗祠、后花园。宅院内宗祠、绣楼、商铺、水榭、花厅、池塘、竹林一应俱全；院落纵横有道，房舍鳞次栉比，厅堂布局巧妙，空间景观层次丰富；门窗枋板、柱础栏阶，无不精雕细镂，文气盎然，被誉为“滇南大观园”。它既有皖南民居的精致、晋中大院的气派，又有苏州园林的灵秀，融汇了中国传统民居建筑的精彩，门、窗、檐、梁、柱、础、栏、屏精美，一步一景，步移景换。走进这座大宅院，一个大家族的历史，仍在车马喧哗的都市里静

朱家花园

静地展示着往日的辉煌。2013 年，朱家花园被国务院公布为第七批全国文物保护单位。

建水学政考棚

建水学政考棚，也称“提督学院考棚”，是集中滇南临安、元江、开化（今文山）、普洱（今思茅地区）四府学子举行院试的场所。其明代旧址在府城西北，清康熙年间移至城东南隅，光绪年间迁建于今址。

建水学政考棚

考棚坐北朝南，面宽 40 余米，纵深 150 米，占地 6000 平方米，房舍整齐对称，共百余间。整个建筑以甬道为中轴线，形成六进院落。其中，一进院为鼓厅、号门，二进院为龙门，三进院设有东西文场，四进院为致公堂，五进院为戒慎堂，六进院为钦命提督学政公署。现存建筑保留完好，是研究中国西南古代科举制度的绝好实物遗存。

建水学政考棚的院试为科举前的预备考试，凡被院试录取者便可获得优厚待遇，从此步入国家科举选士的途程。此后再经乡试考中举人，经会试、殿试高中进士，就可被委派为官员。

按照原貌保护恢复的建水学政考棚，布置了古代科举考试的相关内容，推出了“临安赶考”“簪花礼”等实景活动，能让游客回顾历史，体味建水历史文化的精深。

2019 年 10 月 7 日，学政考棚入选第八批全国重点文物保护单位名单。

建水古城

建水古城最早为南诏时修筑的土城，明洪武二十年（1387）扩建为砖城。明末清初大西农民军李定国攻占建水临安城时，南北西三城楼毁于战火，康熙四年（1665）又复修，后再度毁损。唯有东门朝阳楼，虽历经多次战乱和地震，至今仍旧巍然屹立。建水县在元代就始建庙学。明洪武年间建临安府学，万历年间又建建水洲儒学。清代先后建立了崇正、焕文、崇文、曲江4个书院。当时，有"临半榜"之称，即云南科举考试中榜者中临安府就占了半数左右，堪称云南之冠，在全国不多见。所以建水有"文献名邦""滇南邹鲁"的称誉。

建水古城至今保存有50多座古建筑，城里有保存完好、规模宏大、号称"云南第一"的文庙，以及朝阳楼、双龙桥、指林寺、朱家花园等一大批极有特色的古建筑。全县共有古寺庙近百所，仅城区就有40多所。这些历尽沧桑、古迹斑驳的瑰宝有相当的历史价值和艺术价值，被

建水双龙桥

誉为“古建筑博物馆”和“民居博物馆”。1994 年，建水经国务院批准定为第三批中国历史文化名城。

建水文庙

建水文庙始建于元至元二十二年（1285），为临安广西道宣抚使张立道所建，是元代云南继中庆路（今昆明市）庙学后，与大理庙学同时建立的第二所庙学，距今已有 700 多年的历史。据史料记载，全国、市（州）、县三级的文庙总数为明代 1560 所、清代 1867 所，而建水文庙占地面积广阔（7.6 公顷），建筑规模宏大（在全国仅次于山东曲阜孔庙），被列为全国第二大文庙及最大的地方性文庙。

建水文庙

建水朝阳楼

建水朝阳楼，原名“迎晖门”，亦称“东门楼”，位于云南省红河哈尼族彝族自治州建水县城东南部临安路东端，建于明朝洪武二十二年（1389）。朝阳楼与北京天安门的建筑风格类似，有“小天安门”之称。

楼有三层，由48根合抱粗的大木柱和许多粗大的楹梁接合形成坚固的构架，再以砖石砌成城墙及城门。楼高24.5米，进深12.31米，面阔26.8米，面积414平方米，五开间，三进间，回廊周通，三重檐歇山式屋顶。在顶层檐下，东面悬有清代书法家涂晫题写的“雄镇东南”4个大字。西面悬摹唐朝书法家草圣张旭“飞霞流云”狂草榜书。2006年5月，建水朝阳楼被国务院批准列入第六批全国重点文物保护单位。

建水朝阳楼

建水双龙桥

双龙桥，俗称“十七孔桥”，是一座三阁十七孔大石拱桥。它坐落于建水古城城西 2.5 千米处，横跨泸江与塌冲河交汇之水面上，是云南省著名古迹之一，已列入中国造桥史册。

清乾隆年间先建三孔，道光年间又建十四孔与之相连，因此俗称“十七孔桥”。桥中建有三层楼阁，两端各有亭阁一座。桥身用巨石砌成，全长 148.26 米，宽 3 米，远看犹如一艘楼船，近观似长虹卧波。它造型奇巧，是我国现存的优秀古桥之一。

2006 年 5 月 25 日，建水双龙桥作为清代古建筑被国务院批准列入第六批全国重点文物保护单位名单。

建水双龙桥

个旧丫沙底瀑布温泉

丫沙底瀑布温泉是云南省唯一的氡气高温温泉。丫沙底瀑布温泉位于云南省个旧市贾沙乡南面的贾沙河河谷地带。丫沙底是一个自然村。在这一带山腰世代居住的是彝族支系“尼苏人”，主要靠种苞谷（即玉米）为生，而“丫沙底”也是彝语，意为“山丫有树的平地”。丫沙底瀑布温泉坐落在一个斜山坡上，依山而建，空气清新。两侧有贾沙河和龙泉河，在这个地方交汇后流入红河。丫沙底温泉是个旧市利用丰富的地热资源新开发的一个温泉旅游风景区，地处陡峭的高山峡谷之中，是远离城市喧嚣的地方。丫沙底景区的温泉水温度高达92℃，这里的泡池多为露天，在浸泡温泉时也可沐浴阳光，仰望蓝天白云，听林中蝉鸣，闻遍野花香，很有几分山野情趣。看一个温泉是否有医疗作用，可以通过水是否清亮发蓝、是否有硫黄味、肌肤是否有滑腻感来鉴别。丫沙底温泉是一个典型的医疗热矿泉，富有多种对人体有益及必

丫沙底瀑布温泉

需的矿物质和微量元素，如偏硅酸、氟、硫、锂、硼酸、铁、碘、锌等，并含有微量的氡气，这些矿物质和微量元素兼有治病和保健的功效。丫沙底温泉的泉水对人体有舒筋活血的作用，对心血管也有较强的保健作用，可辅助治疗人体痉挛、神经痛、风湿痛、皮肤病、肠胃病等，同时还有改善体质、增强免疫力和预防疾病的作用。

开远南洞

南洞风景区是开远市唯一的国家 AAAA 级旅游风景区，位于开远市南郊 12 千米处。明朝就有文字记载，它雄踞“阿迷（也就是明朝时的开远）八景”之首，素有“龙游南洞”的美誉。南洞至今已经有 400 多年的历史。整个景区分为两部分：第一部分是洞外公园；第二部分是溶洞景观。景区主要景点游览时间需要一个多小时。南洞是一个自然风景区，一年四季景色皆宜，景区内水资源非常丰富，3 条地下暗河的水流在此交汇后流入泸江河，随着水流的涨落，景色也随

开远南洞

之变幻，每年 12 月至次年 6 月，水清如镜，绿荫环绕，吸引无数游客前来休闲、避暑、纳凉。到了 7、8 月间汛期到来，河水上涨，水流变浑，便浩浩荡荡地流向远处，所以南洞的景分两季——清水季和浑水季。

蒙自南湖公园

蒙自南湖堪称“蒙自的眼睛”、红河之魂魄、滇南中心城市的“绿肺”，享有“高原小西湖”的美誉。南湖，因坐落于旧城南门外而得名。南湖总面积为 41 万平方米，其中水域面积 32 万平方米，陆地面积 9 万平方米。南湖风光秀丽，园林建筑风格别致，成为文人雅士会集之地，故又称“学海”。现有菘岛、闻一多纪念碑亭、揽胜楼、卧波桥、七彩桥、军山、“桥之情”雕塑等景点。

蒙自南湖公园（一）

南湖东畔，也就是现在的海关路一带，更是近代中西方文明和多元文化碰撞激荡、交会融合的缩影。自 1887 年蒙自被辟为近代云南第一个商埠，并于 1889 年正式开关通商以后，这里曾诞生了近代云南第一个海关，也是近代中国二十一大海关之一的“大清蒙自海关税务司署”，当时云南 80%以上的进出口物资通过蒙自转运海内外，近代的蒙自堪称云岭大地的“上海滩”和“小香港”，成为近代云南工商业文明的发祥地。至今仍较为完整地保持原貌的蒙自海关、法国领事府、哥胪士洋行、法国花园、法国监狱 5 处旧址组成的“蒙自对外通商旧址”，已被列为全国文物保护单位和省级爱国主义教育基地。

抗战时期，西南联大文学院、法商学院曾经迁居南湖，闻一多、朱自清等著名教授也曾在这块土地上留下了传道授业的足迹。南湖这一泓碧水，沉淀了蒙自的千年史话、百年沧桑，辉映着蒙自人民爱国自强、敢为人先、开放兼容、永不言败的精神风貌。

蒙自南湖公园（二）

蒙自新安所镇

新安所镇是一个传承千年的军屯文化古镇，因特殊的地理环境和军事地位，西汉元封二年（前 109）新安所一带建立贲古县，明正德三年（1508）在新安所设立守御千户所，驻扎军人，屯田戍边，明正德十二年（1517）建新安所古城，清康熙二十六年（1687）归蒙自县。两千多年的历史沧桑，一千多年的军事活动，孕育了新安所光辉灿烂的历史文化，留下了区域内星罗棋布的文化古迹。现存明清历史街道 5 条，军事遗址 3 处，土寺庙 9 座，古民居 120 余座，古墓葬 800 多座，古石碑 23 通，还有古戏台、古商铺、古驿道等众多物质文化遗产。2019 年 10 月 7 日，新安所古建筑群入选第八批全国重点文物保护单位名单。

蒙自新安所镇

国立西南联合大学

西南联大新校舍的大门

国立西南联合大学（简称西南联大）是在抗日烽火中，由北京大学、清华大学、南开大学迁往昆明而组成的一所著名大学。1938年4月至1946年5月，西南联大在云南的8年期间，传播的爱国、民主和科学精神对云南和边陲蒙自的政治、经济、文化产生了重大而深远的影响。1887年，根据《中法条约》，蒙自被开放为通商口岸，涌现出了云南省的许多个第一，如第一个海关、第一个邮局、第一个电报局等。蒙自南湖边有一座典型的法式建筑，名叫“哥胪士洋行”。当年联大文学院和法商学院的师生来到蒙自时，租下了蒙自海关、法国领事馆、法国医院和哥胪士洋行作为校舍和宿舍使用，另有地方绅士出借的周家旧宅、王家旧宅作为女生宿舍，开办西南联大蒙自分校文法学院。哥胪士洋行的一楼用作了男生宿舍，而楼上则住着闻一多、陈寅恪、陈岱孙、郑天挺、刘文典、邱大年、樊际昌、李卓敏、陈序经、丁佶、吴晗、沈从文等中国当时各领域的顶尖大师。

1938年8月，西南联大师生结束第一学期课程时，因柳州航空学校要使用蒙自分校租借的房屋，分校提前结束了在蒙自的办学历程，在朱自清教授的安排下陆续返回昆明。

2010年5月31日，时任中共中央政治局常委、国务院副总理李克强在西南联大蒙自分校旧址参观考察时，充分肯定了西南联大爱国、民主和科学的精神，要求当地珍惜这段宝贵的历史资源，将西南联大蒙自分校旧址建成重要的爱国主义教育基地。

泸西城子古村

城子古村是云南省省级历史文化名村、中国民居建筑发展史上的“活化石”，其古老的彝族土掌房民居、深厚的历史文化底蕴和浓郁的原生态气息是泸西旅游资源中极富价值的瑰宝。城子古村是一处集自然山水田园风光与少数民族古建筑于一体的待开发旅游胜地。古村拥有我国最大的、600多年前建造的“彝族土掌房”建筑群，有“土掌房”1000余间，保存完整，层层叠叠，极具特色，甚为壮观。

泸西城子古村

土掌房

土掌房，说的就是这个古村里一座连一座、层层相叠、错落有致的用泥土和石头盖起来的民居。它们依山而建，黄泥土坯墙，墙上横搭木料，密铺木棍、茅草，再铺一层土，洒上水，然后用石头一层层夯结实，形成平台房顶，不漏雨水。

城子古村具有独特的景观价值、文脉价值、民居建筑价值、近现代泸西革命史上的人文价值和旅游价值。村内至今留有“昂土司府”“江西街”“李将军第”“姊妹墙”等建筑和已故全国政协副主席、著名彝族爱国将领张冲就读的学校及童年寄居场所。这里曾是中国人民解放军滇桂黔边纵盘北指挥部所在地，中共泸西县委、泸西县解放委员会在此成立。

千百年来，城子古村的故事就犹如一颗颗耀眼的星辰，闪亮在原始厚重的土掌房之间。2007 年被云南省人民政府确立为“省级历史文化名村”；2010 年被评为云南省旅游特色村，确定为云南省文联文学艺术创作基地，荣获“亚洲民俗摄影之乡”称号；2011 年被评为“红河哈尼族彝族自治州工农业旅游示范点”；2012 年第一批入选中国传统村落名录。

建水燕子洞

建水燕子洞是国家 AAAA 级风景名胜区，1986 年开发，1987 年对外开放，它的开放带动了整个建水旅游业的发展。燕子洞西距建水县城 22 千米，位于东经 103° 3′、北纬 23° 38′。海拔高度为 1220~1270 米，交通十分便利，鸡（街）石（屏）高等级公路从风景区穿过，蒙（自）宝（秀）米轨铁路从景区南端经过。燕子洞景区由洞外公园、旱洞、水洞三部分组成。由于燕子洞地区属南亚热带气候，四季温和，年平均气温为 18.4℃，因而燕子洞具有良好的植被和生态环境。

燕子洞中的燕子是大白腰雨燕，因在它的腰腹部有一圈白色的羽毛而得名。更有趣的是洞中的白腰雨燕只有 4 个脚趾，并且脚很短，弹跳能力很弱，但是它的翅膀很长，这就决定了雨燕只适于长途飞翔，而不善于行走。在洞中起飞的时候，雨燕要先从岩上跳落一段空间高

建水燕子洞

度后，才可以展翅高飞，所以大白腰雨燕主要是生活在岩洞里，筑巢在岩壁上。燕巢主要材料是燕子唾液黏合松毛而成，可以提取滋补佳品——燕窝。

燕子洞的雨燕是一种候鸟，每年立春（2 月 4 日）从南洋群岛陆续归来，到 3 月中旬迁徙结束。在洞中经过筑巢、育雏，到 8 月初又迁徙到南洋群岛去过冬。因而，3—8 月是观燕的最好时期，燕子洞也就是因数百万只大白腰雨燕巢居洞内而得名。

石屏异龙湖

"香稻花轻玉露稠，月明渔话满船头。小蛮打浆溟蒙里，海菜腔尖醒睡鸥。"这是清代诗人胡瀛笔下的异龙湖。异龙湖是石屏人民的母亲湖，

石屏异龙湖

孕育了石屏30余万各族人民，并以秀美的自然风光、丰富的人文景观和优美动听的民间传说构成了独特的湖光山色。

异龙湖是云南九大高原湖泊之一，也是红河哈尼族彝族自治州最大的湖泊，面积31平方千米，平均水深4米左右。据史书记载，早在秦汉时期就有此湖，湖水流经建水、开远，经泸江进入珠江水系，为珠江西源头。唐代石屏本地的土著民族乌么蛮，曾经在异龙湖中的末東岛上筑城居住。当时异龙湖湖面将近60平方千米，海河与建水西庄的草海相连，湖中有大瑞城、小瑞城、马堡龙三大岛屿，还有高家湾、青鱼湾、白浪湾等九大湖湾和72个小湖湾，俗称“三岛九曲七十二湾”，造就了异龙湖美丽的山水风景。

石屏郑营

郑营位于云南省石屏县城西面约10千米，北面隔赤瑞湖与西北方的宝秀镇相望。郑营原名“普胜村”，原来是傣族聚居的村子。

明朝初年，浙江金华府浦江县人郑太武，随入滇明军驻扎蒙自，几十年后，郑太武的儿子郑从顺从蒙自迁移到石屏，见赤瑞湖南岸的普胜村依山傍水，既得湖水之利，又不会受湖水之害，且土壤肥沃，便举家定居普胜村，后来人丁兴旺的郑从顺将普胜村改名为“郑营”。洪武中后期，朱元璋“移中土大姓

石屏郑营

以实云南”，于是又有数百万江南、中原的汉人迁移到云南。这一时期，郑氏一族定居的郑营又有武姓、陈姓、李姓、张姓等江浙皖籍汉人迁入，郑营也就变成了一个多姓汉人聚居的大村落。

郑营村东西长约 800 米，南北宽约 340 米。从前的郑营好似一个完整的小城，四周筑有围墙，东西南北各建有一道栅子门，西南向还建有二层楼的炮台。“城”中建有郑、陈、武等姓氏的宗祠。如今围墙不在了，炮台不在了，但宗祠犹在，还保持着原有三街九巷的古老格局。村内有国家级文物保护单位陈氏宗祠、陈氏民居和省文物保护单位郑氏宗祠，是一个历史文化积淀深厚的村子。1999 年被省政府列为省级历史文化名村，2008 年升级为国家级历史文化名村。

石屏秀山寺

秀山寺位于石屏县宝秀镇西向 3.5 千米处，山上茂林修竹，花草四时不绝，景致优雅绝俗。秀山寺隐于山中，坐南朝北，是石屏最早的寺庙。据史料记载，秀山寺始建于唐朝，原名真觉寺，明朝末年更名为秀山寺。1923 年陈鹤亭倡建凌云阁，组成了秀山古建筑群。秀山寺现为省级文物保护单位，由山门、中殿、大雄宝殿、凌云阁及阁前园林区组成。

石屏秀山寺

秀山寺因秀而得名，门前古树参天，遮阴蔽日，让人顿时神清气爽。寺内有三大看点：一是寺内种植有许多珍稀植物；二是明清以来，云南著名书法家陈荣昌、赵藩、袁嘉谷等人先后为秀山寺题书对联，留下许多墨宝；三是可以登高望远，俯瞰宝秀十二营盘的田园美景。从自然角度看，它是一个山清水秀的好地方，可休闲，可避暑；从人文角度说，它是一个几经沧桑、历史悠久的地方，可研，可赏，可思。

石屏秀山寺

弥勒白龙洞

白龙洞位于钱王故里红河哈尼族彝族自治州弥勒市虹溪镇，占地200多万平方米，洞中分上下两层，全长2500米，一步一景，一洞一天，一室一境，拥有北宫、南宫、瑶池仙境、海底世界四景。洞内石柱、石笋、石花、石幔熠熠生辉，富丽堂皇，仿似一个龙的世界。白龙洞印记着2.5亿年岁月变迁的最美时光，被称为“南滇第一洞”。

弥勒白龙洞

弥勒白龙洞

几亿年前，这里曾是一片汪洋大海，后来地壳发生运动变化，海洋上升为陆地，海中的大量钙物质沉积为石灰岩，石灰岩的主要成分是碳酸钙，被含有二氧化碳的雨水冲刷溶解，形成各异的孔洞和裂隙，并不断扩大。经过数百万年的风化，地上的石灰岩成为岩溶地形，而地下的石灰岩则成为无数千奇百怪的溶洞。所以说，上亿年的沧海桑田变迁，才造就了我们今天看到的大自然艺术宫殿——白龙洞。

泸西阿庐古洞

阿庐古洞位于泸西县，是一组典型的岩溶地貌地下溶洞群，景区由9座山峰和18个洞穴组成，目前开发的是3个旱洞和1个水洞，分别叫泸源洞、玉柱洞、碧玉洞和玉笋河。全长3000余米，分上中下三层3个溶洞，分别为厅堂式、宫殿式和峡谷式，洞内景色古、奇、险、绝，洞中有数百个景点，上中下三层贯通，各个景点既成一体又相辅相成。阿庐古洞形成过程经历了三次地壳运动，从而造就了三层洞穴结构，建立了标准的地层剖面，在伏流水动力的作用下，呈现出许许多多典型的化学、生物和流水侵蚀的地貌景观。阿庐古洞主体园区总体上具有洞外有泉、洞中有洞、洞中有河、河中有鱼、洞中有山的特点，游览

泸西阿庐古洞

时间是两个半小时。

阿庐古洞（彝语意为“既有水又有石的山洞”）曾是彝族祖先阿庐部的居住地，也是彝族文化的发源地。宋元时期，他们居住于此，许多代表阿庐文化的石雕保存至今，大部分石雕作品已经不太完整，但依然展示着古阿庐部落的信仰和生活方式。在云南历史上，古滇三十七蛮部是云南民族文化的重要组成部分，而曾以阿庐古洞为穴居点的阿庐部就是三十七部中强大的部落。时至今日，阿庐部后裔——小白彝均以阿庐古洞为祖灵洞。

阿庐古洞 1986 年开发，1987 年 12 月 29 日正式对外开放。2001 年 9 月被国家旅游局评定为国家 AAAA 级风景名胜区，2011 年被评为国家地质公园，也是 1999 年昆明世界园艺博览会定点接待单位之一。

阿庐古洞有“九峰九河十八洞”之说，但目前只开发了 4 个洞，包括 3 个旱洞、1 个水洞。洞内温度恒定，全年温度保持在 17℃，冬暖夏凉，被很多旅游爱好者称作“旅游者的避暑胜地”。

屏边大围山省级森林公园

大围山省级森林公园属大围山山系，总面积4.4万公顷，地处北回归线以南。由于纬度偏低，年平均温度16.5℃，从最低海拔76.4米到最高海拔2365米，依次分布着湿润雨林、季节雨林、山地苔藓常绿阔叶林，是我国具有湿润雨林和热带山地森林垂直带系列最完整的地区，森林覆盖率达76.3%。大围山一年四季多雾，年雾日达200多天。这里山水相依、雄奇相兼、险秀相并，空气清新、水质优良、馨香沁人，那茫茫林海深处，千年古树苍劲挺拔，奇花异果芬芳诱人，小溪潺潺、林涛阵阵，素有“寒冬腊月花不谢，冬暖夏凉四季春”的美誉。

屏边大围山省级森林公园

红河县撒玛坝梯田景区

“山外有山，天外有天；不到撒玛坝，不知梯田大。”这不是文学夸张，更不是信口开河，而是实实在在存在一千多年的史实。据 1934 年编的《五土司册籍》记载：明洪武年间（1368—1398），哈尼族头人吴蚌颇率众劈山开田，众推为长，成就卓著，被朝廷封为当地第一任土司官，允许世袭。这就是历史记载的千百年来哈尼梯田文化极其辉煌而又珍贵的一笔。

撒玛坝梯田位于红河县中南部、宝华乡东部，离乡政府驻地 2 千米，距县政府所在地迤萨镇 37 千米，撒玛坝梯田共有 933 公顷，有 4300 多层梯田，海拔在 600~1880 米。四周有森林 267 多公顷，耕种和受益的有

红河县撒玛坝梯田

3 个乡 21 个自然村 3 万余人。主要种植杂交稻，粮食单产量高，每亩产量达 620 千克，是红河县粮食主产区之一。

撒玛坝梯田气势磅礴，逶迤壮观，气象万千。万亩梯田集中连片，依山开垦，顺势造田，经纬纵横，蛛丝密布，大的有 0.2 公顷，小的只有水牛大，在陡峭处，田如天梯，美若龙脊，是全国在一个视角点能将万亩梯田尽收眼底的唯一观赏区。

石屏文庙

石屏文庙位于红河哈尼族彝族自治州石屏县异龙镇北正街，始建于元至正年间（1341—1368），明洪武二十二年（1389）重建，明嘉靖二年（1523）、天启五年（1625）修葺并扩建，清顺治年间（1644—1661）、乾隆年间（1736—1795）亦进行修缮。

2013 年 3 月 5 日，国务院公布石屏文庙建筑群为第七批全国重点文物保护单位（石屏文庙建筑群以石屏文庙为中心，包括周边的石屏县衙、李恒升私宅和玉屏书院等几部分组成的建筑群）。

文庙坐北朝南，通面阔 33.75 米，总进深 140.33 米，占地面积 4257 平方米。现存有棂星门、泮池、大成殿、先师殿、尊经阁等建筑。棂星门为木石结构牌坊，通面阔 31 米，进深 3.88 米，通高 13.5 米；正中一间宽 4.25 米，进深 3.88 米，左右两间各宽 3.6 米，进深 3.88 米。牌坊正面匾额书“棂星门”，背面书“德配天地”“道冠古今”的颂词，为清乾隆年间（1736—1795）石屏州学正、蒙化（今巍山）人张瑞亮所书。镶嵌于牌坊左右墙壁上的“太和元气”四字，为清康熙年间（1662—1722）石屏举人涂晫所书，背面“鸢飞鱼跃”四字为州人刘宣所书。东西向两边侧门各宽 2.18 米，进深 1.74 米，牌坊为单檐歇山顶，呈品字形，侧门为单檐悬山顶，顶上铺青瓦。

泮池：池上建造单孔石拱桥一座，俗称“状元桥”。泮池通阔 20.2 米、进深 15 米，占地面积 303 平方米；石桥宽 2.8 米、长 15 米，栏板高

石屏文庙（一）

65 厘米，望柱高 160 厘米。

大成殿：殿东为名宦祠、西为乡贤祠，均为单檐歇山顶，木结构建筑。大成殿面阔 17.3 米、进深 8.55 米，占地面积 147.9 平方米。为五开三进。单檐歇山顶，房顶铺青瓦，殿顶竖琉璃宝瓶和兽吻。抬梁式和穿斗式相结合，用九架梁。用柱子 24 根，其中檐柱 6 根，无斗拱，仅檐柱头上用一斗一昂。

先师殿：面阔 16.73 米、进深 10.9 米，占地面积 182 平方米，单檐歇山顶，殿顶原竖琉璃宝瓶和兽吻，青瓦铺顶。为五开三进，抬梁式与穿斗式相结合。用斗拱 12 攒，其中角科斗拱 4 攒，平身科斗拱 4 攒，柱头科斗拱 4 攒，整座建筑用柱子 24 根，其中檐柱 6 根、金柱 6 根。柱础为青石，直径 60 厘米、高 29 厘米，上有浮雕双龙护宝图。

先师殿前有墀台，占地面积 174 平方米。正中龙雕两边各六级石阶，供每年农历八月二十七祭祀孔子诞辰的主祭官员上下。先师殿前有东西庑各 9 间，东庑面阔 30 米、进深 6.2 米、通高 4 米，木结构平房，瓦顶。内供孔门七十二贤牌位。由先师殿左右侧门再进就是崇圣殿，崇圣殿后面是尊经阁。

玉屏书院：坐落于玉屏山麓，始建于咸丰元年（1851），坐北朝南，占地面积3303平方米。由大门、二门、牌坊、讲堂、学舍等组成木结构三进四合院建筑。大门上原悬挂的“玉屏书院”横匾已毁。书院二门为龙门牌坊，龙门牌坊进深9.33米，宽3.70米，高8.7米，为木石结构。三开间，明间宽2.59米，左右次间宽2.22米，明间房顶比左右两间高出2米。龙门的4个石柱础分列明间4个角，通高107.5厘米，基座宽72厘米，正面和北面凹刻“暗八仙”作装饰。4个柱础上承托着4条昂首鼓目的石雕龙柱。次间以砖石作护墙。三间均为一斗三拱。藻井花板每块80平方厘米，共24块，上面书写着100个篆体寿字。牌坊中正处原悬挂的“龙门”直匾已毁不存。

天井两旁为学舍，与龙门牌坊相对的房屋为讲堂。讲堂面阔12.6米、进深10.3米，为抬梁式和穿斗式相结合，单檐歇山顶建筑。从讲堂两侧门而入，正间即为院本部，单檐歇山顶建筑，面阔12.60米、进深8米。天井内有砖砌花柜4个、花台1个，栽有古梅、修竹、丹桂、紫薇，四时花开，古雅清幽，两厢房为考棚号舍。再从两侧而入，正间为兴文祠，昔日供有韩愈像，后改为教室。书院为清代中期以来，石屏县规模最大的文化教育中心。

石屏文庙（二）

第六章

面向未来的红河

民族的未来取决于我们今天的行动和认识——聚焦“一个目标”，建成“三个示范区”，形成“五大布局”，实现“六个新突破”，奋力夺取红河高质量跨越发展新胜利。

红河哈尼族彝族自治州是缩小版的云南，民族众多，文化多元，南北差距比较大，按照省委、省政府的要求，今后5年，红河哈尼族彝族自治州以推动高质量发展为主题，以深化供给侧结构性改革为主线，以改革创新为根本动力，以满足人民日益增长的美好生活需要为根本目的，统筹发展和安全，推进边疆民族地区治理体系和治理能力现代化，着力形成中心引领、两翼齐飞、南部振兴、沿边开放、廊带联动的发展布局，高质量建成世界一流“三张牌”示范区、沿边开放示范区、民族团结进步示范区，圆满完成“十四五”规划目标任务，开启全面建设社会主义现代化新征程。

聚焦“一个目标”

经济社会实现高质量跨越发展，经济总量达到4200亿元以上，力争比2020年翻一番。

建成“三个示范区”

建成世界一流“三张牌”（绿色食品、绿色能源、健康生活目的地）示范区、沿边开放示范区、民族团结进步示范区。“三个示范区”建设，是省委、省政府深入贯彻落实习近平总书记考察云南重要讲话精神，站位全国全省发展大局赋予红河的新使命、明确的新定位、提出的新要求。必须始终保持战略定力，坚定不移以世界一流“三张牌”示范区建设加快构建现代产业体系，以沿边开放示范区建设带动开放型经济发展，以民族团结进步示范区建设铸牢中华民族共同体意识，高质量建成“三个示范区”，努力在全省高质量发展中体现红河新担当、展现红河新作为、做出红河新贡献。

形成“五大布局”

中心引领。乘“滇中崛起”之势，大气魄、大视野、大手笔规划建设滇南中心城市。蒙自重振百年风华，提升首位度；个旧唱好“双城记”（个旧城区和大屯新区），激发世界锡都新活力；开远破解化工围城，以产业转型带动城市转型。树牢“一盘棋”思想，全面开启滇南中心城市国土空间、基础设施、产业协同、公共服务、绿色生态“五个一体化”时代，加速产城融合、城乡融合、服务融合、文化融合，着力打造省域副中心、“国家门户·滇南中心”，把滇南中心城市打造成加快红河发展的强大引擎。

两翼齐飞。借地缘相近、人文相通之利，立足红河、融入滇中，加快推进弥勒泸西一体化、建水石屏一湖两城建设。坚持弥泸一体、绿色崛起，全力打造世界一流“三张牌”云南样板，建成滇中绿色发展新高地；坚持一湖两城、古城新韵，按照“一个景区”的理念打造“滇南最美乡愁之旅”，全面焕发“古韵、文韵、乡韵”新活力，把弥勒泸西、建水石屏一体化打造成加快红河发展的矫健双翅。

南部振兴。充分发挥生态优势，用好热区资源，抢抓国家和省乡村振兴重点帮扶县、兴边富民、强边固防等政策机遇，制定出台差异化政策措施，全面巩固拓展脱贫攻坚成果，持续推进乡村振兴。大力推进红河谷热区绿色经济带建设，红河、元阳、绿春、金平共同用活用好哈尼梯田世界级品牌，屏边深入做好山水文章，河口加快“区县融合”率先崛起，充分释放南部六县的后发优势，把南部打造成加快红河发

乡村振兴

展的新增长点。

沿边开放。坚持优势在区位、出路在开放，以全球视野、世界眼光和超常规举措推进沿边开放。找准服务和融入国内国际双循环、双循环的切入点和发力点，以自由贸易试验区红河片区引领“三区联动”“县市区融合”，主动承接东部沿海产业转移，做大做强加工及贸易、大健康服务、跨境旅游和跨境电商物流，充分利用“两廊一圈”政策，争取建设中国河口—越南老街跨境经济合作区，扩大跨境产能合作，搞活沿边金融，以大开放促进大发展，把沿边开放打造成加快红河发展的强大助推器。

廊带联动。发挥既处滇中又连沿边的独特区位优势，主动服务和融入国家、省的发展战略，创新区域高质量发展空间组织形式，推进昆河经济走廊发展带、昆玉红旅游文化带、沿边经济开发开放带、红河谷热区绿色经济带、滇南文化旅游经济带建设，构建“两纵三横”的联动发展格局，形成服务国家和省重大发展战略的纽带、联结全州国土空间布局的桥梁，以“廊带联动”助推南北均衡、区域协调、城乡统筹发展，把廊带经济打造成加快红河发展的强健筋骨。

实现“六个新突破”

奋进五年，经济发展实现新突破。高质量发展的体制机制更加健全，一流资源加速向一流发展成效转化，以世界一流“三张牌”引领现代产业体系建设取得显著成效，重大项目支撑作用不断强化，新兴产业培育壮大，经济结构持续优化，全部工业增加值年均增长 15% 以上，占 GDP 比重达 30% 以上，地区生产总值年均增长 13% 以上。

奋进五年，城乡区域融合实现新突破。现代化基础设施网络更加健全，基本实现“邻县通高速、邻州通铁路、南北通航空、州府强枢纽”。以人为核心的新型城镇化加快发展，滇南中心城市引领作用不断释放，常住人口达到 165 万人，城镇化率达 78%，全州常住人口城镇化率达 62%，独具魅力的美丽县城和特色小镇竞相绽放，乡村振兴战略全面实施，南北城乡、区域发展更加协调。

滇越铁路“人字桥”

奋进五年，沿边开放发展实现新突破。对外开放大通道，物流、信息体系更加完善，外向型产业培育壮大，跨境产能合作不断深化，制度创新协同高效，“三区联动”“县市区融合”叠加效应充分释放，自由贸易试验区红河片区成为沿边开放的示范引领区，蒙自经济开发区建成千亿级园区，红河综合保税区外贸进出口总值实现翻番，沿边开放水平全面提升，外贸进出口总额突破 100 亿美元。

奋进五年，生态文明建设实现新突破。绿水青山就是金山银山价值转化全面加快，生态优势转化为发展优势。国土空间开发保护格局全面优化，以异龙湖保护治理为标志的污染防治攻坚战取得新突破，生态环境持续改善，创建成为国家森林城市、全国生态文明建设示范州，全州森林覆盖率达 60% 以上，美丽红河绿色底蕴更加厚实。

奋进五年，民生福祉改善实现新突破。脱贫攻坚成果巩固拓展，居民收入增长和经济增长基本同步，中等收入群体比重达 30% 以上，加快向共同富裕目标迈进。社会文明建设实现新提升，社会主义核心价值观深入人心。优质均衡的公共服务体系基本形成，社会保障体系更加健全、更加可持续，人民生活更殷实、更安康、更幸福。

奋进五年，边疆治理效能实现新突破。统筹发展和安全更加有效，边疆民族地区治理体系和治理能力现代化扎实推进，防范化解重大风险机制不断完善，突发公共事件应急能力、自然灾害防御和救灾能力不断提高，中国特色云南特点的红河边境安全铜墙铁壁全面筑牢，民族团结进步创建工作全面深入持久开展，法治红河、平安红河建设迈上更高水平。

百年一个轮回，未来的红河哈尼族彝族自治州，一定是云南旅游的新方向、民族团结的模范、生态文明的排头兵。建水古城是红河的底蕴，滇南中心是红河的气度，哈尼梯田是红河的风范，沿边开放是红河的格局，新的机遇，更加需要有新的举措。

加快滇南中心城市建设，推动北部红河城市群一体化融合发展

以改革的精神，加快北部地区蒙自、开远、建水、弥勒等几个骨干城市的一体化进程，形成以蒙自为中心，个旧东移，开远南拓，建水古城、弥勒水乡相互协调、功能分开、资源整合、各展优势的大红河城市群。

蒙自要按照全省滇中城市群第二级城市中心的要求，整合全州优势资源，加快滇南中心城市的建设步伐，支持红河学院建设成为综合性的

建水小火车

蒙自碧色火车站

建水小火车

大学。屏边要建设国家森林公园和生物多样性研究中心；个旧要加大工业遗址的保护和开发利用；开远要大力发展现代观光农业；建水要提升全域旅游产业的规划引领；弥勒建设好休闲旅游的度假天堂。城乡一体化是乡村振兴的重要抓手，农旅融合是未来红河的发展机遇，通过优化空间布局和产业调整，全面完成北部地区工业化、信息化、现代化的社会历史进程，以大开放促进大发展，以城镇化推动工业化，以信息化推动整个社会的现代化。

加快红河自贸区建设，继续推进红河哈尼族彝族自治州沿边开放战略

红河自贸区是改革的实验田，也是边境开放、活力兴州的重要支点；城乡一体化发展，滇南中心城市是红河腾飞的重要支撑；数字化、信息化与工业化的融合，是未来红河发展的新高地。未来红河需要以共享的理念，加快文化、教育、医疗、卫生、实用科技等社会事业的改革步伐，按照“城乡一体、资源共享、跨界融合”的总体目标，尽快筹建一个连接全国高校及科研院所，面向东南亚、南亚的文化创意科研基地，以人才多元共享机制平台建设为目标，紧密结合文化科技创意产业园区发展，全力推进民族文化资源现代化和信息化进程。组建一个专门研究红河哈尼族彝族自治州共享时代经济社会全面协调发展的课题小组，制定共享经济社会发展长远规划，以基地为依托、规划为引领，建设生态红河、

劳动最光荣

智慧红河、文化红河，全面推动红河哈尼族彝族自治州新一轮改革开放的历史进程！

加快红河谷经济开发开放带建设，促进南部红河乡村振兴

红河谷经济开发开放带东接泛珠三角区，西联昆（明）曼（谷）经济走廊，南通昆（明）河（内）经济走廊，北联滇中城市经济圈，是红河哈尼族彝族自治州“一核两区三带”的重要组成部分，是实现南部与北部协调发展的联动区域。

面对区域合作和乡村振兴的新机遇，红河哈尼族彝族自治州要充分发挥红河谷经济开发开放带独特的自然资源和区位优势，通过资源共享和产业合作，促进第一、二、三产业融合发展，将热区开放与生态治理、区域合作紧密结合，促进民族团结、边疆稳定、社会和谐，推动红河流域生态保护，促进红河领域区域合作，构建红河流域生态屏障。

红河哈尼族彝族自治州地处云南省东南边陲，与越南陆路接壤，地缘、人缘优势明显，自然资源富集，发展潜力巨大，在云南省沿边开发

红河卷烟厂自动化生产（一）

红河卷烟厂自动化生产（二）

开放格局中具有重要战略地位。面向未来，红河哈尼族彝族自治州将统筹对内开放与对外开放两个大局，以滇南中心城市支撑沿边地区发展，着力推进基础设施内外联通，着力完善沿边城镇体系建设，着力构筑外向型产业体系，着力完善开放合作平台，深化交流合作，着力加快边疆社会事业发展，着力加强生态建设和环境保护，打造沿边开发开放经济带。

建设教育强州，加快职业技术教育改革的步伐

大学是一个地区经济文化发展的综合指标，也是推动地区经济社会发展的重要动力。职业教育是经济发展的重要支撑，发展教育就是投资未来。要加快推进红河教育现代化，巩固提升学前教育普及普惠水平，推进义务教育城乡一体、优质均衡发展，提升高中阶段教育普及质量，加快职业院校高质量发展，全力支持红河学院建设一流国门大学，打造滇南教育中心，建设教育强州。

以创新思路大力发展红河职业技术教育，把转移山区劳动力和培养南部山区合格专业技术人才紧密结合在一起，以红河职业技术学院为依托，争取用 5 年时间，培养南部山区 1 万名合格的专业技术人才，转移南部山区贫困地区劳动力 10 万人左右，推动南部山区综合开发向产业开发和智力扶贫转变，继续走“山坝结合”的路子，“一乡一品、一村一策”，攻坚克难，精准发力。

新生活

打造哈尼梯田 AAAAA 景区，闯出世界一流“健康生活目的地牌”蝶变之路

哈尼梯田申报世界文化景观遗产，是红河哈尼族彝族自治州南部山区综合开发、打造世界一流健康生活目的地的关键，是红河哈尼族彝族自治州南边山区从古老的农业社会向开放的现代信息社会转变的战略举措，也是南部乡村振兴的有力抓手。2004 年，红河哈尼梯田申报世界文化景观遗产成功后，第二年国内外游客就突破了 100 多万人。今后 5 年，按照创建哈尼梯田 AAAAA 景区标准，全面提升哈尼梯田文化景观遗产的人文资源开发和生态环境保护，全力打造哈尼梯田世界知名的文化旅游国际品牌，打通元阳哈尼梯田到越南沙巴的边境旅游线路，通过跨境旅游合作，整合国内国外资源，实现内引外联，全面提高对外开放水平，完成南部山区跨越发展，各个民族人民为全面建设社会主义现代化国家而努力奋斗。

播种春天

后记

由辽宁民族出版社组织筹划的全国30个民族自治州风采系列丛书——《民族自治州风采·红河哈尼族彝族自治州卷》一书，即将在2022年年底出版，这是全面反映红河哈尼族彝族自治州历史发展和社会变迁的通俗史诗，也是一部反映新中国成立以后，在党的领导下，边疆人民团结奋进、跨越千年、追赶社会历史发展大潮、彻底摆脱贫困的交响曲，严格来说，它不是一本书，而是千千万万的红河各族人民，用鲜血和汗水书写在高山峡谷之间的历史丰碑，凝聚着红河各族人民战天斗地的生存智慧，从政治、经济、文化等各个层面，充分反映了红河各族人民经历的翻天覆地的伟大历史变迁，实事求是地呈现了边疆人民心向党的心路历程，是全面理解和准确把握各民族命运共同体的金钥匙。

本书的出版，得到了中共红河哈尼族彝族自治州委宣传部、红河哈尼族彝族自治州民宗委、红河哈尼族彝族自治州文化和旅游局、红河哈尼族彝族自治州文联、红河哈尼族彝族自治州民族研究所、红河哈尼族彝族自治州博物馆、红河哈尼族彝族自治州文物管理所、红河哈尼族彝族自治州图书馆等相关单位的大力支持，还有云南省政协朱志明先生和红河哈尼族彝族自治州社科联车明追女士的协助，得到了辽宁民族出版社的精心指导，编辑金顺玉女士三易其稿，逐字逐句进行修改完善，付出了难以想象的艰辛，作为参与者和见证者，我很幸运，能够在百年未有的历史大变局中，记录一段人类历史不平凡的新生活。

编　者

2022年12月